Das lautlose Sterben der Bienen

Das lautlose Sterben der Bienen

Ursachen – Konsequenzen – Auswege

Friedrich Hainbuch

Haftungsausschluss

Der Autor und der Verlag haben für die Wiedergabe der in diesem Buch enthaltenen Informationen (Verfahren, technische Anleitungen, Umgang mit Tieren, Empfehlungen usw.) größte Sorgfalt darauf verwandt, diese Angaben entsprechend dem Wissensstand bei der Fertigstellung des Werkes abzudrucken. Dennoch übernehmen der Autor und der Verlag für die Vollständigkeit, Aktualität, Qualität und Richtigkeit der bereitgestellten Informationen keinerlei Haftung. Haftungsansprüche gegen den Autor und den Verlag, die sich auf Schäden materieller oder immaterieller Art beziehen, welche durch die Nutzung der angebotenen Informationen oder die Nutzung fehlerhafter oder unvollständiger Informationen verursacht wurden, sind grundsätzlich ausgeschlossen, soweit den Autor und den Verlag kein Vorsatz oder grob fahrlässiges Verschulden trifft.

Dieses Buch enthält Links zu Webseiten Dritter, auf deren Inhalte der Autor und der Verlag keinen Einfluss haben. Deshalb können der Autor und der Verlag für diese fremden Inhalte keine Gewähr übernehmen. Für die Inhalte der verlinkten Seiten ist stets der jeweilige Anbieter oder Betreiber der Seiten verantwortlich. Die verlinkten Seiten wurden zum Zeitpunkt der Verlinkung auf mögliche Rechtsverstöße überprüft. Rechtswidrige Inhalte waren zum Zeitpunkt der Verlinkung nicht erkennbar. Eine permanente inhaltliche Kontrolle der verlinkten Seiten ist jedoch ohne konkrete Anhaltspunkte einer Rechtsverletzung nicht zumutbar. Bei Bekanntwerden von Rechtsverletzungen wird der Verlag derartige Links umgehend entfernen.

Mit 29 Farbabbildungen und 1 Tabelle

Alle Fotos im Inhalt: © Friedrich Hainbuch

Titelfotos: links: Honigbiene auf einer Kornblume (© Elenathewise – Fotolia.com), rechts: Pestizide ausbringender Traktor in einem Rapsfeld (© nmann77 – Fotolia.com)

ISBN: 978-3-89432-135-2

Lektorat: Dr. Günther Wannenmacher · www.lektorat-wannenmacher.de
Satz und Layout: Alf Zander
Druck und Bindung: Westarp & Partner Digitaldruck · www.unidruck7-24.de

Vorwort

Im Jahr 1923 prophezeite Rudolf Steiner, dass in 80–100 Jahren die Honigbienenvölker weltweit zusammenbrechen würden. Steiner glaubte, die (Agrar-) Industrialisierung führe zu deren massiven Verlusten (vgl. seine Arbeitervorträge 1923 in Dornach, im Steiner-Archiv). Und er berichtete schon vor genau 90 Jahren über Klagen mancher Imker in der Schweiz, die größere Bienenverluste zu verkraften hatten.

In der Tat: Allein in den Vereinigten Staaten gingen in den letzten beiden Dekaden ca. 300 Milliarden Bienen verloren, in Süddeutschland im Jahr 2008 ca. 12 000 Bienenvölker mit etwa 300 Millionen Bienen. Was in anderen Kontinenten, in Asien und Afrika, verloren gegangen ist bzw. verloren geht, darüber kann man nur spekulieren. In China beispielsweise sind unvorstellbar weitreichende Regionen bienenlos. Eigentlich sollten hier durch die Pestizide Ungeziefer bekämpft werden. Aber auch die Bienen fielen den Giftmischungen zum Opfer – bis es keine mehr gab.

Seitdem müssen Apfelblüten mühsam von Menschen per Hand bestäubt werden. Kein anderes Land könnte sich das wohl leisten, doch in China sind Arbeitskräfte eben noch billig. Hier sitzen im Frühjahr zu Beginn der Obstblüte vor allem in Nordchina unzählige Arbeiterinnen und Arbeiter mit in Zigarettenfilter eingesteckten Hühnerfedern in den Obstbäumen, um per Hand die Obstblüten zu bestäuben. Der Blütenstaub wird aus den südlichen Landesteilen in Kunststoffbehältnissen angeliefert. Der Mensch als Bestäuber: Der Ideenreichtum des Menschen treibt aberwitzige Blüten! Leider (oder vielleicht Gott sei Dank?) funktioniert diese Art der Bestäubung nur mit mäßigem Erfolg, wie Studien in China gezeigt haben. Außerdem ist die Handbestäubung etwa achtmal so teuer wie die Bestäubung durch Bienen (vgl. Partap et al. 2001, Ya et al. 2003, Partap & Ya 2012).

Viele Angaben und Beispiele in diesem Buch zu Pestiziden beziehen sich auf Produkte der Firma Bayer bzw. Bayer CropScience. Um dem Eindruck entgegenzutreten, als sei Bayer der »Hauptverdächtige« in dieser Gesamtthematik, sei darauf hingewiesen, dass trotz mehrfacher telefonischer und schriftlicher Nachfrage und Anforderung keiner der Agrarkonzerne bereit gewesen ist, Bild- und ausführliches Produktinformationsmaterial zur Verfügung zu stellen. Nur einem Zufall ist es zu verdanken, dass der Autor den ausführlichen Produktkatalog der Firma Bayer für das landwirtschaftliche Jahr 2013 in die Hände bekam und somit in der Lage war, wenigstens über Bayer-Produkte exakte Angaben machen zu können. Eine tabellarische Übersicht der in diesem Buch behandelten Wirkstoffe und Produkte inklusive deren Zulassungsinhabern finden Sie im Anhang.

Inhaltsverzeichnis

1 Wir brauchen die Bienen, aber sie benötigen uns Menschen nicht

Die Honigbiene bei ihrer Arbeit: Sammeln von Pollen und Nektar.

Die Honigbiene, eine Grundpfeiler-Spezies unseres Ökosystems, stellt das drittwichtigste und gleichzeitig kleinste Nutztier in der Ernährungskette des Menschen nach dem Schwein und dem Rind dar.

Vor ca. 130 Millionen Jahren begann die Entwicklung der Blütenpflanzen sowie der Vorfahren unserer heutigen Honigbienen. Seit ca. 80–100 Millionen Jahren befindet sich die Honigbiene auf der Erde. Die älteste bislang in New Jersey gefundene Biene, eingeschlossen in Bernstein, weist ein Alter von mehr als 90 Millionen Jahren auf. Sie konnte und kann auch ohne den Menschen leben und überleben, aber wir Menschen benötigen Bienen dringend, um unser Überleben zu sichern. Unabhängig von der Natur existieren zu können bleibt eine fatale Illusion des Menschen.

Auch wenn sich das Gerücht hält und es in allen möglichen Medien immer wieder behauptet wird, der Satz »Wenn die Biene stirbt, dann hat der Mensch noch vier Jahre zum Überleben« stammt sicher nicht aus der Feder Albert Einsteins, wie Recherchen im Online-Archiv des Einstein-Nachlasses der Hebrew University in Jerusalem zweifelsfrei ergeben haben. Möglicherweise könnte dieser Satz so oder in ähnlicher Form von Christian Konrad Sprengel, dem Entdecker der Bestäubung der Blumen durch Bienen, stammen. Vielleicht wurde eine Sichtweise Sprengels, der in der Öffentlichkeit nicht so präsent und bekannt ist wie Albert Einstein, dahingehend abgewandelt. Hören wir mal rein, was Sprengel im Jahr 1811 dazu schrieb: »Die Bienenzucht befördert die Wohlfahrt aller Einwohner eines Landes … Unser Land könnte der Bienen nicht entbehren, und fänden sich keine Imker, muss der Staat ein stehendes Heer von Bienen halten ähnlich wie Soldaten und Lehrer«. Zwei seiner wichtigen Buchtitel lauten: »Das entdeckte Geheimnis der Natur in Bau und Befruchtung der Blumen« aus dem Jahr 1793 und »Die Nützlichkeit der Bienen und die Notwendigkeit der Bienenzucht« von 1811.

1.1 Die Leistungen der Bienen

In Deutschland wird die Produktion von Honig, eventuell noch von Wachs, als wichtigstes Ergebnis der Bienenhaltung gesehen. Dabei wird der um ein Vielfaches höhere ökonomische Wert der Bestäubungsleistung außer Acht gelassen. Etwa ein Drittel der landwirtschaftlichen Pflanzenproduktion in der Welt hängt von der Bestäubung ab. Zwischen 800 und 900 Euro beträgt der Bestäubungswert eines Bienenvolkes. Nach Schätzungen der Universität Hohenheim beträgt der ökonomische Wert der Bestäubung weltweit 70 bis 100 Milliarden Euro und in Deutschland etwa 2,5 Milliarden Euro. Neben den klassischen Bestäubungspflanzen wie Obstbäumen und Beeren muss zusätzlich die Bestäubung von Wildpflanzen, die wiederum Nahrung zahlreicher wildlebender Tiere sind, berücksichtigt werden. So tragen die Bienen als primäre Bestäuber auch zur Vielfalt der Natur bei. Calderone veröffentlichte in PLOS ONE 2012 eine dreizehn Jahre andauernde Studie über den wirtschaftlichen Nutzen der Honigbienen als Bestäuber in den USA. Er wies nach,

Oben links: Frisch abgefüllter Honig.

Oben rechts: Der gerade geschleuderte Honig läuft aus der Honigschleuder durch ein Sieb in den Hobbock.

Unten: Eine wunderschön gleichmäßig ausgebaute Wachswabe.

dass zwar im Jahr 2001 der volkswirtschaftliche Ertragswert der Bienen von 14,29 Milliarden USD (1996) auf 10,61 Milliarden USD sank, aber bis zum Jahr 2009 einen Wert von 15,12 Milliarden USD erreichte. Der wirtschaftliche Nutzen aller anderen Bestäuber sank dagegen von 11,68 (1996) auf 3,44 Milliarden USD bis 2009. Über diese Zusammenhänge macht die Studie allerdings keine Angaben.

Beim Besuch der Blüten sammeln die Bienen nicht nur Nektar, sondern auch Blütenstaub (Pollen), mit dem sie ihren Nachwuchs versorgen. Bienen fliegen – im Gegensatz zu anderen bestäubenden Insekten – während ihrer Sammelflüge immer nur eine Pflanzenart an, solange diese ihnen noch ein ausreichendes Nahrungsangebot bietet. Man nennt das Blütenstetigkeit. Gerade wenn im Frühjahr unsere Kulturpflanzen blühen, sind nur die Honigbienen in sehr großer Anzahl als Bestäuber verfügbar. Beim Blütenbesuch bleibt immer etwas Pollen am Stempel der Blüte haften. Diese Bestäubung mit Pollen der gleichen Art führt bei insektenbestäubten Pflanzen zur Befruchtung, es entstehen Samen bzw. Früchte. Zu unseren wichtigsten insektenbestäubten Nutzpflanzen, das sind etwa 80–85 % aller Nutzpflanzen überhaupt, gehören Obstbäume, Raps, Sonnenblumen, Erbsen, Bohnen, Paprika, Tomaten, Gewürzkräuter und Wein. Sie alle bedürfen ausschließlich der Bienenbestäubung.

1.2 Uraltes Wissen um die Wohltaten aus dem Bienenstock

Der Honig wird vom Menschen seit ca. 10 000–12 000 Jahren genutzt. Honig bedeutet eingefangenes Sonnenlicht, Leben, und ist nicht nur ein mehr oder weniger flüssiges Produkt aus Mutter Natur, sondern ein seit Jahrtausenden geschätztes und mit reichlich Inhaltsstoffen ausgestattetes Lebensmittel, das häufig auch zu medizinischen Ehren kam. Welche hohe Bedeutung der »Goldgelbe« besaß, mögen Ihnen einige Beispiele aus der Geschichte vor Augen führen. Könnten Sie sich vorstellen, dass Staatsbeamte zumindest einen Teil ihres Gehaltes in Form von Honig bekämen? Das erscheint heute undenkbar, aber zur Regierungszeit Ramses' II. (1303–1213 v. Chr.) war das üblich, denn dieses Naturprodukt war sehr teuer und besaß einen heute kaum mehr wahrzunehmenden Stellenwert in der gesunden Ernährung. Nofretete (1365–1349 v. Chr.), eine Mitregentin unter Echnaton, bewahrte ihre unnachahmliche Schönheit unter anderem mit reinem Honig: Mit Aloe Vera vermischt nutzte sie ihn als Hautpflegemittel, außerdem badete sie in Milch und Honig, oder sie bereitete sich eine Honigerfrischung aus Schnee mit Wein oder Fruchtsäften und Honig. Die Wunden von Echnatons Soldaten wurden mit Honig behandelt; ihre Leichname wurden in reinem Honig konserviert und von Babylon nach Ägypten überführt.

Kaiser Nero (54–68) ließ aus Gletschereis, zerdrückten Himbeeren, Ingwer und Honig Speiseeis mischen, um damit die Stimmung seiner Soldaten zu heben.

Die Germanen mussten ihre fälligen Steuern teilweise in Honigzins entrichten. Das setzte sich im Mittelalter unter Karl dem Grossen fort: Jeder Gutsbesitzer hatte sich gleichzeitig auch als Imker zu betätigen, damit er Steuern in Form von Honig an den kaiserlichen Hof abführen konnte. Die Germanen hofierten die Himmelsziege Heidrun, aus deren Euter der Sage nach statt Milch Honigwein (Met) für die verwundeten Krieger floss.

Der Koran schreibt: »Und dein Herr lehrte die Biene: Baue dir Wohnungen in den Bergen, in den Bäumen und in dem, was sie (dafür) erbauen. Dann iss von allen Früchten und ziehe leichthin auf den Wegen deines Herrn. Aus ihren Leibern kommt ein Trank von unterschiedlicher Farbe, der eine Arznei für die Menschen ist. Darin ist wahrlich ein Zeichen für Menschen, die nachdenken« (Sure an-Nahl, 68–69).

Bereits in der Medizin der Ägypter, der Römer sowie des griechischen Arztes Hippokrates spielte Honig als erklärtes Heilmittel eine herausragende Rolle. Ob Gicht oder Gallensteine, Husten oder Hautabschürfungen, Fieber oder Furunkel, das goldgelbe Bienensekret kuriere jedes mehr oder weniger schwerwiegende Wehwehchen, befand der Urvater aller Ärzte.

Honig wurde bei einer Vielzahl von medizinischen Anwendungen eingesetzt, und zwar ohne tiefgreifende Nebenwirkungen: als eines der gesündesten Nahrungs- und Beimengungsmittel in der Medizin – eine Binsenweisheit bis auf den heutigen Tag. Neuere chirurgische Techniken und Fortschritte in der Medizin ermöglichen eine gezieltere Behandlung vieler Erkrankungen, als dies früher möglich war. Das heißt aber nicht, dass die seit mehreren Jahrtausenden bewährten Naturheilmittel, wie Honig und die damit zusammenhängenden Bienenprodukte, ausgedient hätten. Im Gegenteil: In heutiger Zeit zählt die rasant wachsende Zahl von Krankheitserregern, die zunehmend unempfindlicher gegen gängige Antibiotika werden, zu den größten Herausforderungen der Infektionsmedizin, vor allem in den Industrienationen. Dazu kommen aktuelle Meldungen, dass in verschiedenen Fleischsorten immer wieder Antibiotikaspuren nachgewiesen werden, sodass wir Menschen bei diesem andauernden hohen Fleischkonsum schon so große Mengen Antibiotika im Körper haben, dass diese im medizinischen Ernstfall gar nicht helfen.

Dieser Goldgelbe also, der Bienenhonig, ist eines der ältesten Naturheilmittel tierisch-pflanzlichen Ursprungs. In der Steinzeit nutzte der Mensch Honig als Nahrungsmittel und – solange es in Europa weder Rohr- noch Rübenzucker gab – als Süßungsmittel, wie es 9 000 Jahre alte steinzeitliche Höhlenmalereien mit Honigsammlern zeigen. Er war zunächst das einzige Süßungsmittel. Der den wild lebenden Bienenvölkern abgenommene Honig wurde auch als Köder bei der Bärenjagd eingesetzt.

Während in Zentralanatolien (Türkei) vermutlich schon vor über 7 000 Jahren die ersten Imker mit der gezielten Haltung von Honigbienen begannen, schätzten vor über 4 000 Jahren ägyptische Ärzte und Priester die heilende Kraft dieses kostbaren Naturproduktes. Honig galt als Speise der Götter und Gottesfreunde, Quelle der Gesundheit und Unsterblichkeit, wie uns der Hymnus Homericus Mercurium (Textstelle 560/2) berichtet. In Königsgräbern wurde Honig oftmals als Grabbeigabe gefunden. Der Wert eines Esels wurde mit einem Topf Honig aufgewogen. In den grundlegenden Schriften vieler Religionen kommen Honig und Bienenprodukte zu hohen Ehren. Wir alle kennen das Versprechen aus der Bibel von dem gelobten Land, in dem Milch und Honig fließen. Darunter ist auch ein Hinweis auf das zu erwartende Paradies zu verstehen. Im christlichen Glauben galt die Biene als ein Symbol der Jungfräulichkeit. Deshalb veranlasste Papst Urban VIII. (1568–1644) die Aufnahme dreier Bienen in sein Familienwappen. Honig war die Grundlage für heilende Medikamente und wertvollste Kosmetika. Deshalb spielte er in der Mythologie und im Königskult eine herausragende Rolle (vgl. Hainbuch 2013).

Leider trägt der Mensch dazu bei, dass die Balance unter den verschiedenen Mitgliedern innerhalb des Ökosystems vollkommen verloren geht, wenn nicht endlich und konsequent gegengesteuert wird. In den letzten gut 100 Jahren haben die Menschen weltweit den Raubbau in und an der Natur und Umwelt vorangetrieben, sodass sich das drittwichtigste Nutztier auf diesem Planeten zu verabschieden droht. Vielleicht hilft das steigende Interesse an Bienen, Honig und Bienenprodukten, dass sich das Bewusstsein für diese kleinen sympathischen Helfer ändert und die Zahl der Menschen steigt, die sich für deren Erhalt und Schutz einsetzen.

Zunächst müssen wir aber in den folgenden Kapiteln die eben genannten unnatürlichen Eingriffe näher erläutern.

2 Geballte Zumutungen für unsere Bienen der vergangenen 100 Jahre

In der Folge (Kapitel 3–5) wollen wir den möglichen Ursachen des massiven weltweiten Bienenverlustes auf den Grund gehen. Es scheint in der Tat so zu sein, dass die Kumulation verschiedener Faktoren und örtliche Gegebenheiten eine große Rolle spielen: imkerliches Fehlverhalten, Luftverschmutzung, Klimawandel, unsere immense Reisetätigkeit in die entlegensten »Ecken« der Welt, Elektrosmog durch Mobilfunk und Hochspannungsmasten, Monokulturen, Massentierhaltung, Gentechnik, Agrarchemie sowie Nitrat- und Nitritbelastungen des Trinkwassers. In einer persönlichen Mail (16.01.2013) des gebürtigen Schweizer Professors Boris Baer, Direktor des Centre for Integrative Bee Research (CIBER) der Australischen Universität Crawley, an den Autor, schreibt er zusammenfassend: »Das Bienensterben ist sehr komplex, und was wir wissen ist, dass es durch eine ganze Reihe Faktoren beeinflusst wird wie Parasiten, Pestizide, Industrialisierung und auch (In)Zucht. Deshalb müssen Verluste und Massensterben eher einzeln betrachtet werden, weil die Gründe dafür wohl von Fall zu Fall verschieden sind. Die Bienenzucht muss das berücksichtigen, wenn sie spezifische Massenverluste in der Zukunft verhindern will. Hier in Australien setzt uns zum Beispiel vor allem die Klimaveränderung zu, während in Europa Pestizide einen erheblichen Anteil am Bienensterben zu haben scheinen. Massensterben wie CCD (Colony Collapse Disorder) sind vor allem aus Nordamerika bekannt und dürften eine Kombination von Parasiten und Bienenhaltung/Zucht sein. Das Ganze ist leider ziemlich verwirrend, und drum gehen die Meinungen auch erheblich auseinander, was Bienen tötet. Mehr Forschung wäre erforderlich, es fehlt aber leider meistens das nötige Geld.« Übrigens hat Professor Baer auch den Schweizer Filmemacher Markus Imhoof bei den Dreharbeiten zu seinem Film »More Than Honey« wissenschaftlich beraten und unterstützt.

Bevor es ernst wird, noch einige Bemerkungen zu den hier vorgestellten Studien und Forschungsergebnissen. Leider lassen sich allzu häufig Antworten auf folgende Fragen nicht aus den veröffentlichten Arbeiten erkennen: Wer hat diese Studien und umfangreichen Forschungen bezahlt und mit welcher Absicht? Sind sie auch gleichzeitig die Auftraggeber? Wer sind die Beauftragten und Durchführenden? Sind sie wirklich ernstzunehmende, unabhängige Wissenschaftler? Hatten diese möglicherweise Interessenskonflikte? Hatten oder haben die Geldgeber Einfluss auf das Studiendesign, die Datensammlung und deren Analyse sowie die Manuskriptgestaltung und Veröffentlichung genommen? Sind alle Studienergebnisse veröffentlicht worden? Sind diese möglicherweise teilweise unterdrückt oder gar vernichtet worden? Oder wurden Ergebnisse sogar verfälscht? Zu dieser Thematik haben im Jahr 2003 J. Lexchin und Kollegen im British Medical Journal eine systematische Übersicht gegeben. Aktuell wurde zu dieser Thematik im Dezember 2012 eine weitere Studie mit dem Titel »Industry sponsorship and research outcome« (industrielle Unterstützung und Forschungsergebnisse) veröffentlicht, verfasst von A. Lundh und Kollegen in der Cochrane Library. Darin wird zweifelsfrei festgestellt, dass die Industrie einerseits sehr häufig Studien unterstützt, und andererseits die Studienergebnisse zu Verzerrungen führen, verglichen mit den nicht von der Industrie gesponserten Studien. Insofern wird in den folgenden Ausführungen bei Bezug auf Studien ausdrücklich auf den Geldgeber hingewiesen, falls dieser offiziell bekannt ist.

Wenden wir nun den Blick auf unsere Bienen und auf all die möglichen Ursachen, die ihnen ihr Leben in den letzten hundert Jahren so beschwerlich gemacht haben.

3 Bedrohungen aus der Imkerschaft

Ja, Sie haben richtig gelesen, auch viele Imker tragen auf ihre Weise dazu bei, dass sich ihre Bienen nicht mehr naturgemäß verhalten und deshalb krank werden, sodass sie nicht mehr in der Lage sind, sich mit den bereits genannten Bedrohungen auseinanderzusetzen und diese zu meistern. Leistungsfähigkeit und Friedfertigkeit gehen auf Kosten ihrer Lebensfähigkeit und Vitalität! Dazu gehört vor allem eine nicht (mehr) bienengemäße Bienenvölkerführung mit ihren imkerlichen Eingriffen.

3.1 Inzucht

Auch wenn es verdrängt wird oder aber gar nicht im Bewusstsein der Imkerschaft verankert ist, so sei doch darauf hingewiesen, dass in Deutschland seit 1938 systematisch die »ortsansässige« Dunkle Biene (*Apis mellifera mellifera*) durch die Einführung der Kärntner Biene, auch Carnica (*Apis mellifera carnica*) genannt (angeblich wenig stechlustig und stark in der Honigproduktion), nahezu ausgerottet wurde. Das hatte kurz vor Ausbruch des Zweiten Weltkrieges politische Gründe, die hier auszuführen zu weit reichen würde. Wesentlich in diesem Zusammenhang ist die Tatsache, dass durch politische Zielrichtungen im Dritten Reich eine mit den hiesigen Witterungsbedingungen bestens vertraute Bienenrasse nahezu ausgemerzt und durch eine Bienenrasse, die ursprünglich im südöstlichen Alpenklima beheimatet ist, ersetzt wurde. Heute gibt es eine Reihe lobenswerter Initiativen, die der ursprünglichen Dunklen Biene hier in Deutschland und Europa wieder eine Chance geben wollen.

Von Imkerinnen und Imkern, die sich der möglichst naturgemäßen Bienenhaltung verschrieben haben, werden einige imkerliche Eingriffe in die Bienenvölkerführung als unnatürlich gebrandmarkt, weil für viele Erwerbsimker verschiedene Gesichtspunkte wie Kosten/Nutzen, möglichst einfache, mit wenig Aufwand einhergehende Völkerführung, hoher Honigertrag sowie Friedfertigkeit ihrer Bienen im Vordergrund stehen. Die Bienenhaltung wurde mehr und mehr technisiert, ohne dabei auf die natürlichen Bedürfnisse des Bienenvolks Rücksicht zu nehmen. Statt das Volk als ein ganzes Lebewesen zu begreifen, wird es so behandelt, als ob man wie bei einer Maschine beliebig irgendwelche Teile austauschen könnte. Zu diesen Eingriffen gehört zum Beispiel die systematische Schwarmverhinderung, die allen

Eine Vielzahl von Blüten wird von den sogenannten Flugbienen beflogen.

Imkern geradezu eingetrichtert wird, obwohl das Schwärmen zu den Grundfunktionen eines intakten Bienenvolkes gehört und ganz wesentlich zur Gesunderhaltung des Volkes beiträgt. Der Schwarmtrieb ist etwas Bienenwesenhaftes und sollte nicht komplett unterdrückt werden. Vielmehr müsste in der Imkerei ein Weg gefunden werden, der einerseits eine natürliche Volksvermehrung zulässt und andererseits nicht verhindert, dass hier und da ein Schwarm sich auf und davon macht, ohne wiedergefunden zu werden. Ganz schlimm wird es, wenn dann auch noch der Königin die Flügel gestutzt werden – übrigens auch von durchaus ernstzunehmenden Wissenschaftlern empfohlen. Hier werden aus reiner imkerlicher Bequemlichkeit die Flügel gestutzt, damit die Königin nicht mehr ausschwärmen und einen Teil ihrer Getreuen mitnehmen kann. Der Flügel ist ein lebendes Organ, welcher von Hämolymphe durchströmt wird und der außerordentlich wichtige Stoffwechselfunktionen erfüllt. Ein beschädigter Flügel einer Königin ist somit ein Schaden am gesamten Volk, denn die Königin ist das Zentrum eines Bienenvolkes. Dieser Eingriff stellt die frevelhafteste Form der Schwarmverhinderung dar, die man sich vorstellen kann. Übrigens sind die Folgen davon bis heute noch nicht untersucht worden. Bleiben wir noch bei der Königin: Absolut widernatürlich ist die künstliche Begattung der Königin, die man klar ausgesprochen als Gewaltmaßnahme bezeichnen kann. Hier wird ein Naturimpuls der Königin mit Gewalt unterdrückt, was auch einen negativen Einfluss auf ihre Gesundheit hat. Bienen sind Sonnentiere. Die Königin fliegt zu einem nicht ungefährlichen Hochzeitsflug in Richtung Drohnensammelplatz aus, um sich bei Luft und Sonne begatten zu lassen. Dies tut sie, weil sie wesensmäßig ein sich an der Sonne orientierendes Tier ist und in der

Natur widerstandsfähigere, natürlichere Nachkommen erzeugen kann. Welche konkreten Auswirkungen eine künstliche Besamung auf die Volksgesundheit hat, müsste ebenfalls dringend erforscht werden. Die künstliche Befruchtung stellt eine sehr einseitige Technik dar, mit der der Biene eine hohe Leistungsfähigkeit bei geringer Stechlust angezüchtet werden soll. Wir haben heute bereits Bienenzüchtungen, bei denen der Stachel nur noch rudimentär oder gar nicht mehr vorhanden ist. Das Bienengift kommt nicht nur beim Stechen zum Einsatz, sondern es ist vor allem eine wichtige Komponente im feinen Stoffwechselgeschehen der Hämolymphe. Derartige Veränderungen in und an der Biene führen sicher auch zu Veränderungen in der Bienengesundheit. Ganz gleich, welche »Einrichtungen« der Biene vor Jahrmillionen mitgegeben wurden, sie alle haben einen Sinn, der uns Menschen noch nicht bis in alle Einzelheiten bekannt ist. Deshalb ist jeder züchterische Eingriff auch eine Unterdrückung oder sogar Ausmerzung des Naturnotwendigen in der Biene. Sehen wir nicht uns und unseren Profit, sondern sehen wir in erster Linie die Bienen!

Ein kräftiger Schwarm hängt an einem dünnen Ast wenige Zentimeter über dem Boden: ein Zeichen, dass bei der alten Königin und dem Volk der Schwarmtrieb noch intakt ist.

Zum Abschluss dieser kritischen Bemerkungen zum Umgang mit den Bienenvölkern sei noch ein Gedanke zur Bienenfütterung erlaubt: Bienen legen den Honig als ihr Winterfutter an, da der Temperaturerhalt von ca. 35–40 °C im Bienenstock mit einem hohen Energiebedarf verbunden ist. Weil sich der Mensch die Honigbiene als Nutztier herangezogen hat, nimmt er den Bienen diesen mühsam erbrachten Futterertrag vornehmlich im Sommer einfach weg und verkauft ihn anschließend als leckeren Honig. Damit die Winterbienen nicht verhungern, bekommen seine Bienen einen Ersatz: meistens Futterfertiglösungen aus reinem weißen Zucker. Wir haben als Menschen und als Patienten gelernt, dass dieser raffinierte Zucker für uns absolut schädlich ist – warum sollte dieser dann gesund sein für unsere Bienen? Es müsste doch möglich sein, auch wenn es etwas aufwendiger und teurer ist, eine Fertigfutterlösung herzustellen und zu verfüttern, die zum Beispiel aus raffiniertem Rohrzucker oder Melasse besteht, und mit Honig und der Zugabe eines Heilkräutertees (z. B. aus Holunder, Kamille, Pfefferminze, Rosmarin, Salbei und

Thymian) sozusagen als Blütendroge verabreicht wird. Diese Ingredienzien reichern die Futterlösung derart an, dass die Bienen dieses Angebot gern annehmen und sehr wahrscheinlich damit gesünder und widerstandsfähiger leben.

3.2 Nichtbehandlung von Varroa-, Bakterien-, Viren- und Pilzbefall

Wie leider zu beobachten ist, gibt es eine Reihe von Imkern, die nicht im Geringsten daran denken, etwas gegen den Varroabefall zu unternehmen. Es besteht zwar eine Behandlungspflicht, aber niemand kontrolliert die tatsächliche Durchführung. Und so sollte es nach derzeitig gängiger Lehrmeinung sein: Nach der Honigernte, etwa Mitte bis Ende Juli, muss eine konsequente Behandlung beispielsweise mit Ameisen- oder Milchsäure einsetzen, die gegebenenfalls nach Kontrollen mehrfach wiederholt werden muss, um der Milbe Herr werden zu können. Eine kurz vor Winterbeginn anzusetzende Abschlussbehandlung sollte mit Milch- oder Oxalsäure erfolgen. Um Geld und/oder den Aufwand zu sparen, neigen einige Imker dazu, diese Behandlung nicht durchzuführen. Das führt einmal dazu, dass diese nichtbehandelten Völker meist den Winter nicht überleben, weil die aggressive Milbe ihnen den Garaus bereitet; zum anderen – und das ist viel schwerwiegender – leiden sehr wahrscheinlich die Nachbarimkervölker unter einer sogenannten Reinvasion (Wiedereinzug) dieses Schädlings, auch wenn der Nachbarimker konsequent seine Behandlung durchgeführt und abgeschlossen hat. Ein solches Verhalten ist unkollegial und im höchsten Maß zu verurteilen. Wenn die oben erwähnte Vorgehensweise vorgeschrieben ist, muss sich jeder daran halten. Das gilt auch für andere Bienenerkrankungen, ganz besonders für die, die anzeigepflichtig sind (Näheres über Völkerverluste durch Varroamilben und Viren bei Neumann & Carreck 2010, Maini et al. 2010, Genersch et al. 2010).

Nicht unerheblich und sehr ernst zu nehmen sind die synergistisch-toxischen Wirkungen von Pestiziden und Bienenbehandlungsmitteln wie Fluvalinat, Coumaphos und Amitraz, um nur die wichtigsten zu benennen. Hier haben Johnson et al. (2010), Bernal et al. (2010), Chauzat et al. (2010) und Wu et al. (2011) eindeutige Hinweise auf teilweise hohe Schadstoffkonzentrationen in Bienen gefunden. Der Bayer-Konzern bietet nach wie vor das Pyrethroid mit dem Wirkstoff Flumethrin unter dem Markennamen Bayvarol® an. Allerdings warnt das Fachzentrum Bienen vor diesem Mitteleinsatz bereits seit 2008, da bereits erhebliche Resistenzen zu beobachten sind (vgl. www.fachzentrum-bienen.de, im Artikel des ADIZ/db/IF 8/2008, S. 9).

Das Geschilderte ist aber nur die eine Seite der Medaille. R. Singh und Kollegen haben in Pollensäcken von Honigbienen und wilden Bestäubern wie Wildbienen und

Ein Blick auf das sogenannte Gemüll: Auch die kleinen, unscheinbaren Varroamilben sind zu sehen.

Hummeln fünf verschiedene infektiöse Bienenviren gefunden. Die genetischen Fingerabdrücke der auf den verschiedenen Insekten gefundenen Viren waren identisch, woraus die Wissenschaftler schließen, die Tiere hätten virusbefallenen Pollen voneinander auf Blüten aufgelesen. Damit zeigt die Studie einen neuen Übertragungsweg von Bienenviren auf. Wie bereits bekannt ist, können die Viren auch von den Bienen selbst oder beispielsweise von der Varroamilbe übertragen werden.

In einer Studie aus dem Jahr 2011 stellten Laurent Gauthier und Kollegen einen Zusammenhang zwischen dem Varroa destructor virus (VDV-1) aus nichtbekämpften Varroamilben und einem »deformed wing virus (DWV)« fest, der dann zu teilweise massiven und signifikanten Ovarien- und Follikeldegenerationen bei den Königinnen führt. Man bedenke: Die Königin ist der einzige Garant für den Bienenvolksbestand und dessen alljährliche Erneuerung! Und leider bestätigt auch Professor Boris Baer, dass die Varroamilbe eine wichtige Rolle bei der Übertragung von Parasiten spielt. Baer ist aber überzeugt, dass auch mit dem Sperma der Drohnen Krankheitserreger weitergegeben werden. Mit einer speziellen Apparatur befruchtet Baer die Königinnen, danach beobachtet er die Entwicklung der Honigbienen. »Inzwischen haben wir mehrere Belege gefunden für die These von sexuell übertragbaren Krankheiten bei Bienen«, so Boris Baer in einer persönlichen Mitteilung an den Autor.

Was für die Humanmedizin im Umgang mit Erkrankungen gilt bzw. gelten sollte, sollten wir auch unserer Honigbiene angedeihen lassen. Wenn wir eine gesunde Biene wollen, müssen wir mehr für die Biene tun und viel weniger gegen die

Milbe. Wir müssen die Selbstheilungskräfte der Bienen stärken und nicht mit der chemischen Keule auf diese wertvollen, wehrlosen Geschöpfe einschlagen. Haben Sie schon einmal darüber nachgedacht, warum unsere hiesigen Bienen mit der Varroamilbe nicht zurechtkommen und derart geschädigt werden, dass Jahr für Jahr ein mehr oder weniger umfangreicher Völkerverlust eintritt? Bienen anderer Kontinente haben damit überhaupt kein Problem; sie haben Mechanismen gefunden, um mit dieser Milbe fertig zu werden. Wir wissen, dass diese Milbe im Jahr 1977 mit asiatischen Bienen nach Deutschland importiert wurde, und seither gibt es viele, teilweise hochdotierte Forschungsprojekte und Experimente, wie man dieses massive Problem lösen kann. Aber: Niemand hat bisher einen »Königsweg« gefunden. Wirklich niemand? Nachdenkliche Bienenbeobachter sind der Frage nachgegangen, wieso Bienen anderer Kontinente viel besser mit einem Varroabefall umgehen und dieser Bedrohung Herr werden können, während viele europäische Bienen das nicht schaffen. Und nach einiger Zeit fiel die unterschiedliche Größe der Wabenzellen auf: Die europäischen Bienen bauen Waben mit einer Zellgröße von 5,1–5,5 mm, die außereuropäischen aber nur solche mit 4,7–4,9 mm. Hier tun sich mehrere Fragen auf: Warum gibt es diesen Unterschied? Hat das kleinere Zellmaß etwas mit dem häufig beobachteten besseren Umgang dieser Bienen mit der Varroamilbe zu tun, und wenn ja, was?

Zunächst zu dem Zellmaßunterschied: Auch in Europa gab es bis ca. 1930 das kleinere Maß. Im Jahr 1927 erschien dann ein Artikel des belgischen Professors Ursmar Baudoux in der Zeitschrift L'Apiculture Rationelle über die Vorteile eines größeren Zellmaßes: Die so entstandenen Bienen flögen länger und damit gebe es mehr Honig. Die Imkerschaft hatte daraufhin, ohne kritisch die Vor- und Nachteile zu hinterfragen, dieses Maß von der Industrie, welche vorgefertigte Mittelwände produziert, übernommen. Und das eigentlich bis heute, obwohl es hier und da vereinzelt Imker gibt, die nun versuchen, von diesem für Bienenverhältnisse wesentlich größeren Maß wieder auf die natürliche, ursprüngliche Zellgröße zurückzukommen. Sie sehen also, auch hier steht der Profit an erster Stelle. Und mit den negativen Folgen, mit der Einwanderung der Varroamilbe und auch anderer Schädlinge sowie Bakterien und Pilzen haben wir bis heute zu kämpfen, weil die Bienen hier in Europa größtenteils nicht in der Lage sind, von sich aus mit diesen Eindringlingen naturgemäß und »gesund« umzugehen, da bei einem kleineren Zellmaß pro Wabe wesentlich mehr Eier abgelegt und auch deshalb mehr Bienen entstehen können, von denen sich ein größerer Teil dann nach dem Schlüpfen mit der Gesunderhaltung im Bienenstock beschäftigen kann. Bei der Carnica werden die Milbeneier verstärkt in den größeren Drohnenzellen abgelegt, da die Drohnen ebenso wie die Varroen 24 Tage bis zum Schlüpfen benötigen. Und deshalb muss der Imker auch sehr konsequent die sogenannten Drohnenrahmen ausschneiden, damit sich die Varroamilbe nicht in gigantischem Ausmaß vermehren kann. Aber auch das Ausschneiden der Drohnenrahmen ist sehr fragwürdig, weil es dann möglicherweise in der Zukunft viel weniger Drohnen gibt, was im Bienenvolk wiederum zu ungewöhnlichen Verhaltensweisen führen könnte. Das kleinere Zellmaß führt, wie Experimente über mehrere Jahre gezeigt haben, insgesamt zu einer wesentlich stabileren Volksgesundheit, zu größeren Völkern, die dann auch zwangsläufig genügend »Personal« besitzen, um jeden angreifenden »Feind« sozusagen gleich im Keim zu ersticken – und das auf gänzlich natürliche Art und Weise. In diesem Fall können wir wirklich von einer ausgezeichneten Volksgesundheit mit hervorragendem Hygiene- und Sauberkeitsverhalten sprechen, und das von sich aus, ohne Eingriff des Menschen. Allerdings: Einmal muss er noch Maßnahmen ergreifen, die dem Volk das Bauen der kleineren Wabenzellen erlaubt. Auch hierzu gibt es bewährte Hilfsmittel, die nur eben eingesetzt werden müssen, um den Bienen die genetische Anlage zum kleineren Zellmaß wieder aneignen zu können. David Heaf veröffentlichte im Jahr 2011 einen sehr gründlich recherchierten wissenschaftlichen Artikel, der die wesentlichen Studien zur Zellverkleinerung kritisch beleuchtet und darstellt. Er kommt zu dem Schluss, dass sich zwar die Mehrzahl der Untersuchungen gegen das kleinere Zellmaß zur effektiven Varroabekämpfung ausspricht, allerdings weist er auch darauf hin, dass bei genauer Betrachtung der Studiendesigns der Beobachtungszeitraum nicht lang genug gewählt wurde, im Gegensatz zu den Studien, die das verringerte Zellmaß befürworten. Im Übrigen behauptet niemand ernsthaft, dass in den kleineren Zellen keine Varroamilben mehr vorkommen, sondern dass der Hygiene- und Reinlichkeitssinn dieser Bienen stärker ausgeprägt ist und es genügend Stockbienen gibt, die sich dann mehr oder minder ausschließlich mit der Bekämpfung der Varroamilbe beschäftigen können. Ähnliches können Sie nachlesen bei Forsman et al. (2004).

Die Frage bleibt, warum sich diese Umstellung auf das kleinere Zellmaß bislang nicht durchgesetzt hat. Es ist zu vermuten, dass hier mächtige Industrie- und Forschungsinteressen sowie Eigeninteressen der Erwerbsimker dagegen stehen, den kleineren Zellen wieder ihren wohlverdienten ursprünglichen Platz im Bienenstock zu verschaffen.

3.3 Übertriebene Bienenwanderungen

Vielerorts ist zu hören oder zu lesen: Eine Erwerbsimkerei ist heute ohne Wandern nicht mehr denkbar. Ist das wirklich die einzige Überlebensstrategie eines Berufsimkers? Klar, wenn ich Rapshonig ernten will, dann sollten die Bienenbehausungen in der Nähe von Rapsfeldern stehen, d. h., der Imker muss seine Bienen zur Tracht (den blühenden Pflanzen) bringen, um später einen bestimmten Trachthonig ernten zu können, auch wenn ein solcher Standort weit entfernt vom ursprünglichen Standort der Bienenvölker liegt. Immer geht es in solchen Fällen um Kommerz, Geschäfte durch Steigerung des Honigertrages bzw. darum, mög-

In diesen Beuten und in dem umliegenden „Bienengarten" ist alles in Ordnung.

lichst hohe Mandel- bzw. Obsterträge erwirtschaften zu können (u. a. in den USA). Und immer ergibt sich eine deutliche Ertragssteigerung bei zusätzlichem Bieneneinsatz, der in der ehemaligen DDR im Jahr 1980 bei Äpfeln bei 3 t/ha und bei Süßkirschen bei 1 t/ha lag, wobei der Ertrag bei Entfernung des Bienenstandes von 550 m nur noch 83 % des Ertrages betrug, der bei einer Distanz von 50 m zum betreffenden Feld erwirtschaftet werden konnte, wie Stecher (1982) in seiner Arbeit feststellt. Bei Einsatz auf Rotkleefeldern wurde das Ernteergebnis an Samen sogar um 180 % gegenüber Betrieben gesteigert, die keine zusätzlichen Bestäuberbienen eingesetzt hatten, sodass zum Beispiel im Bezirk Rostock statt 60 kg/ha nunmehr 230 kg/ha mit planmäßigem Wanderbieneneinsatz geerntet werden konnten.

Abgesehen davon, dass der Imker nur mit Bienen wandern darf, deren einwandfreier Gesundheitszustand vom Bienensachverständigen festgestellt wurde: Das Verstellen der Bienenbehausungen durchaus auch negative Auswirkungen auf die Orientierung der Bienen, die sich erst wieder an die neue Umgebung gewöhnen und sich sozusagen wieder neu »verorten« müssen, bevor sie mit dem Sammeln von Nektar und Pollen von der neuen Position aus beginnen können. Nicht umsonst war der hohle Baum die Urwohnung der Bienen! Und der kann bekanntermaßen nicht wandern. Im Übrigen orientieren sich Bienen unter anderem an Landmarken, das sind Bäume, Sträucher, Gewässer, Hügel, Berge, Täler, Seen etc., eben dem Erscheinungsbild ihrer Wohngegend. Die Honigbienenkolonie ist ortsgebunden, sie führt ein sesshaftes Leben und erfreut sich einer ständigen, ja beständigen Adresse, wie es Professor Jürgen Tautz in seinem Buch »Phänomen Honigbiene« treffend ausgedrückt hat. Und diese neue Orientierung muss sich die Biene am

Ein reges Treiben und Leben im und am Stock (um das Flugloch herum).

neuen Ort erst wieder verschaffen. Genau das aber bedeutet neben der Fahrerei auf Anhängern oder Lkw sehr viel Stress, der im Tierreich genauso ungesund ist wie bei uns Menschen.

Seit Urzeiten wird mit Bienenvölkern gewandert. Schon die alten Ägypter verfrachteten ihre Bienen mit Schiffen auf dem Nil. Aber schon ein bloßes Verstellen der Bienenstöcke führt zu einer Minderung des Polleneintrags von Bienenvölkern, wie Köppler & Koeniger (2001) vom Institut für Bienenkunde in Oberursel nachweisen konnten. Die eingetragene Pollenmenge von vier Unterarten der Honigbiene *Apis mellifera* (*A. m. mellifera, A. m. carnica, A. m. ligustica, A. m. capensis*) wurde 1999 auf Standplätzen, auf denen sich die Bienen eingeflogen hatten, und auf neuen Standplätzen vergleichend untersucht. Dabei sollte die Frage geklärt werden, ob sich das Verstellen an einen neuen Standplatz auf die Menge des eingetragenen Pollens auswirkt. Der Polleneintrag wurde mit Pollenfallen am Flugloch ermittelt. Dazu wurden von vier Ausgangsstandplätzen jeweils vier einzigartige Völker, eines pro Unterart, im Ein-Tages-Intervall abends zu einem neuen Standort transportiert.

Die »Wanderung« der Völker erfolgte im Sinne einer Rotation; sie befanden sich nach dem vierten Transport wieder auf ihrem Ausgangsstandort. Es kam zu einer signifikanten Abnahme des Polleneintrags nach dem Transport an einen neuen Standort. Zwischen den Pollenerträgen am Ausgangsstandort vor und nach dem Transport gab es keine signifikanten Unterschiede. Lediglich an einem Standort gab es keine Minderung des Polleneintrags nach dem Verstellen der Bienenvölker. Im Vergleich zwischen den vier Unterarten wurden keine Unterschiede gefunden.

In vielen Ländern dieser Erde besteht die agrarökonomische Zielsetzung darin, »in der Land- und Nahrungsgüterwirtschaft die Produktion und deren Effektivität systematisch zu erhöhen, um eine stabile, sich stetig verbessernde Versorgung der Bevölkerung mit hochwertigen Nahrungsmitteln und der Industrie mit Rohstoffen zu sichern« –, so hörte sich zum Beispiel das Programm der SED an. Selbstverständlich sind die »Wanderwege« der deutschen Bienen bei Weitem nicht so extrem lang und belastend, wie dies vornehmlich in den USA praktiziert wird. Man halte sich folgende Zahlen vor Augen, um das ungeheure Ausmaß der kalifornischen Mandelproduktion verinnerlichen zu können: Über 84 % (ca. 750 000 t) aller Süßmandeln, die weltweit über die Ladentheke gehen, roh, geröstet, gemahlen, weiter verarbeitet als Marzipan oder sonstiges Halb- oder Fertigprodukt, werden im kalifornischen Central Valley erzeugt, so das »Almonds at a Glance« aus dem Jahr 2011, herausgegeben vom United States Department of Agriculture, Foreign Agricultural Service (unter: www.nass.usda.gov/Statistics_by_State/index.asp). Um eine derartige, kaum vorzustellende Mandelmenge einfahren zu können, kommen die Plantagenbesitzer nicht umhin, eine riesige Armee von Bestäubern dorthin zu bringen. Dazu werden etwa drei Viertel aller in den USA vorhandenen Bienenstöcke Lkw-weise durch das gesamte Land gefahren, um dann gegen entsprechende Vergütung zur Zeit der Mandelblüte im Central Valley die dortigen Blüten zu bestäuben. Es dürfte sich um etwa 95 Milliarden Bienen handeln, die auf diese Weise malträtiert werden. Man stelle sich diesen ungemeinen Stress für die Bienen vor: Im Februar von Florida beispielsweise nach Kalifornien, danach in den Staat Washington zur Apfel- und Kirschblütenbestäubung, dann wieder nach Florida in die Zitrusplantagen, um über Neuengland zu den Blaubeeren wieder zur Überwinterung nach Florida zurückzukehren. Das hat nun wirklich gar nichts mehr mit natürlicher Bienenhaltung zu tun! Vor allem kann man die Honige allesamt nicht wirklich genießen. Und nun wundert man sich in den USA, dass unheimlich viele Bienen das nicht mehr mitmachen und ihr Leben aushauchen.

4 Gefahren aus der Umwelt

Weitere, noch brisantere Gründe für das massive Bienensterben – übrigens sind nicht nur alle Bienenarten, sondern auch andere Insekten (Bestäuber) und Wirbeltiere (Vögel) davon betroffen – müssen wir in unserer heutigen Umwelt suchen. Dazu gehören Luftverschmutzung, Klimawandel, Landwirtschaft und Elektrosmog durch Mobilfunk und Hochspannungsleitungen. Zunächst betrachten wir einige Probleme, die die Luftverschmutzung den Bienen bereitet.

4.1 Luftverschmutzung

Die Luftverschmutzung aus der Industrie, den Kraftwerken und Autos dämpft den Duft von Blumen und beeinträchtigt damit auch ihre Fähigkeit, Insekten zum Bestäuben anzulocken. Das könnte ein weiterer Grund für das extreme Bienensterben sowie die Abnahme anderer Insektenarten sein. Das zumindest sagen Forscher der Universität Virginia. Wilden Insekten in Gegenden von Kalifornien bis in die Niederlande fällt es jetzt schwerer, die Blumen zum Bestäuben überhaupt zu finden. Für Bienen, die den Nektar als Nahrung brauchen, ist das besonders gefährlich.

Professor Jose D. Fuentes und Kollegen vom Department of Environmental Sciences an der Universität Virginia haben untersucht, wie der Duft von Blumen vom Wind weitergetragen wird. Schon Aristoteles (ca. 350 v. Chr.) wusste um den hervorragenden Geruchssinn der Bienen, welcher »sehr weit« reichte (Aristoteles, Historia Animalium, IV 8, 15) und der sie von stark duftenden Stoffen, wohl oder übel riechend, fernhielt (vgl. ebd. IV 18).

Heute begegnen die Duftmoleküle schnell Schadstoffen wie Ozon, Hydroxol und Nitratradikalen und gehen mit ihnen eine Reaktion ein. Dadurch verschwindet der Duft. Deswegen müssen Bienen weiter und länger fliegen, um Pflanzen zur Bestäubung zu finden, und sie sind eher auf die Sehkraft als auf das Riechvermögen angewiesen. Die Distanz, über die der Duft getragen werden kann, hängt vom Zustand der Umwelt vor Ort ab. »Die Duftkomponenten aus Blumen in einer weniger verschmutzten Region und zu früheren Zeiten konnten bis zu 1200 m weit weg reisen«, so Fuentes, der mit Kollegen diese Studie in der Zeitschrift Atmospheric Environment im Jahr 2008 veröffentlicht hat. »Heutzutage kommen sie nur noch

Trotz der schönen Natur sorgt der Mensch für eine ungeahnte Luftverschmutzung durch Industrieansiedlung.

weniger als 200 m weit. Es wurde uns schnell klar, dass die Luftverschmutzung im Vergleich zur Zeit vor der Entwicklung von Autos und der Industrie bis zu 90 % des Duftes dämpft«, erklärt Fuentes. Allerdings muss bedacht werden, dass Abgase und Schadstoffe nicht unbedingt in unmittelbarer Nähe ihres Entstehungsortes in hohen Konzentrationen anzutreffen sind und deshalb diese Folgen nach sich ziehen, sondern sich durch Wind und Wetter um den gesamten Globus herum verteilen.

Eine Untersuchung von Monia Perugini und Kollegen, die im Jahr 2011 in der Zeitschrift Biological Trace Element Research veröffentlicht wurde, befasste sich mit der Kontamination von Honigbienen als Bioindikatoren mit den Schwermetallen Quecksilber, Chrom, Cadmium und Blei. Die Studie wurde in Städten und Naturschutzgebieten Mittelitaliens im Frühjahr und Sommer durchgeführt. Zwar wurde weder in den Naturschutzgebieten noch in den Städten Quecksilber in den Bienen nachgewiesen, dafür hatte sich aber umso mehr Chrom, Cadmium und Blei in den Bienenkörpern angesammelt. Die Menge an Blei zeigte signifikante Unterschiede bei den Bienen aus Städten zu denen aus ländlichen Naturschutzgebieten, wobei der Bleiwert in der Nähe des römischen Flughafens mit Abstand am höchsten war, vor allem in den Monaten Juli und September. Cadmium und Chrom zeigten dagegen keine signifikanten Unterschiede zwischen Stadt und Land.

Ein weiterer Abgasschadstoff, Schwefeldioxid, beeinträchtigt signifikant die Flugaktivitäten der Bienen, wie Michael E. Ginevan und Kollegen schon im Jahr 1980 in der Zeitschrift Proceedings of the National Academy of Science, USA, feststellten. Bereits im Jahr 1975 wurden von S. C. Tong und Kollegen Gifte aus dem Autoverkehr wie Aluminium, Barium, Kupfer, Nickel, Palladium, vor allem aber Zink und Zinn als Schadstoffe in Honigen nachgewiesen, die aus Bienenstöcken, in New York an einer Autobahn und einer Zinkmine gelegen, stammten. Brisant schon damals: Honig, der in Metalldosen, mit Ingredienzien dieser Gifte im Rohmaterial Metall, verpackt war.

4.2 Klimawandel

Auffallend ist, dass es nur sehr wenige Studien zu dieser speziellen Thematik gibt. In der Zeitschriftendatenbank PubMed sind 21 Publikationen in einem Zeitraum von 2008 bis 2012 registriert.

Im Jahr 2008 mussten Yves Le Conte und Maria Navajas in der Zeitschrift Revue Scientifique et Technique konstatieren, dass die Honigbiene zwar ein großes adaptives Potenzial besitzt, um auf die Klimaveränderungen und die verschiedenen Klimabedingungen weltweit zu reagieren und sich darauf einzustellen, aber es müsse dringend und umgehend dem Verlust dieser reichen genetischen Vielfalt Einhalt geboten werden, da diese Veränderungen schon jetzt einen direkten negativen Einfluss auf die Honigbienenentwicklung und deren Umgang mit Krankheiten habe, so die beiden Wissenschaftler.

Die Änderung der Jahreszeiten sieht auch Hartmut Vierle, Bienenforscher an der Universität Würzburg, als sensiblen Punkt für den Bestäubungserfolg. Zusehends verringert sich die Bestäubung, verursacht durch die globale Erwärmung. »Der Sommer folgt immer schlagartiger auf den Winter. Insekten können jedoch mit schönem Wetter nicht sofort ausfliegen, sondern brauchen Zeit, um die Stärke ihres Volkes zu erhöhen. Eine Bienenkönigin kann bis zu 2000 Eier pro Tag legen und es dauert mehrere Wochen, bis die neue Bienengeneration mit dem Nektar- und Pollensammeln beginnen kann«, so der Experte. Das verlorene Gleichgewicht schade letztlich auch den Pflanzen, die dadurch weniger gut bestäubt würden (vgl. www.beegroup.de). Weitere führende Veröffentlichungen zu den Auswirkungen des Klimawandels auf unsere Bienen finden Sie bei AFFSSA (2008/2009), Johnson et al. (2010), Le Conte & Navajas (2008), Oldroyd (2007) und USDA (2010).

4.3 Elektrosmog

Ein weiteres Erschwernis für unsere Bienen stellt der Elektrosmog durch Hochspannungsleitungen und Mobilfunk dar – ein bislang wenig beachtetes und ernst

Die Natur wird durch Stromleitungen übermäßig beansprucht.

genommenes Forschungsfeld. Untersuchungen zu diesem Thema wurden und werden ignoriert oder auch gar nicht erst bekannt gemacht. In der amerikanischen Zeitschriftendatenbank PubMed sind zu diesem Thema lediglich in einem Zeitraum von 2000 bis 2003 drei Forschungsarbeiten veröffentlicht worden. Dennoch gibt es eine Reihe wichtiger Indizien, die für eine ernsthafte Bedrohung der Bestäuber sprechen. Schon Rudolf Steiner wies 1923 in seinen Vorträgen an die Arbeiter auf die negativen Folgen des Elektrosmogs hin, damals benutzte er auch den Begriff »elektromagnetische Strahlung«.

Das österreichische Bundesministerium für Land- und Forstwirtschaft, Umwelt und Wasserwirtschaft antwortete am 27. April 2006 (Parlament, 1017 Wien) dem Nationalrat Dr. Andreas Khol: »Wissenschaftliche Untersuchungen haben nachgewiesen, dass sich niederfrequente elektromagnetische Felder negativ auf Bienen auswirken können. (...) Studien ergeben, dass Bienen in starken elektrischen Feldern von über 4 Kilovolt/m, z. B. unmittelbar unter einer 380-kV-Hochspannungsleitung, weniger Honig produzieren bzw. eine erhöhte Mortalität aufweisen. (Der Grenzwert zum Schutz der Menschen vor Einwirkung durch diese Felder liegt bei 5 kV/m)« (www.zeitenschrift.com/magazin/55-bienen.ihtml).

Umfangreiche Studien aus den 1970er-Jahren bestätigen die Aussagen des Ministeriums: Der Saarbrücker Biophysiker Ulrich Warnke stellte bereits 1973 in seiner Dissertation fest, dass Bienen unter dem Einfluss niederfrequenter Felder Stressreaktionen zeigten. Bei Signalen im Frequenzbereich von 10 bis 20 KHz zeigte sich eine erhöhte Aggressivität und ein stark reduziertes Rückfindeverhalten. 1974 fanden die russischen Forscher E. K. Eskov und A. M. Sapozhnikov, dass Bienen bei ihren Kommunikationstänzen elektromagnetische Signale mit einer Modulationsfrequenz zwischen 180 und 250 Hz erzeugen. Man beachte: Unser GSM-Mobilfunk ist mit 217 Hz moduliert. Hungrige Bienen reagierten auf diese Frequenzen mit der Aufrichtung ihrer Fühler. F. A. Popp und Kollegen berichteten 1989, dass die Kommunikationsimpulse der Fühler bei Berührung eines Artgenossen mit einem Oszillographen gemessen werden konnten.

Im Jahr 2005 untersuchten Hermann Stever und Kollegen an der Universität Koblenz-Landau in einer Pilotstudie nochmals das Rückfindeverhalten der Bienen sowie die Gewichts- und Flächenentwicklung der Waben unter Einwirkung elektromagnetischer Strahlung. In vier von acht Bienenstöcken wurden pausenlos strahlende Basisstationen von DECT-Schnurlos-Telefonen hineingestellt. Die Gewichts- und Flächenentwicklung der Völker mit DECT-Telefonen verlief signifikant langsamer als jene der »unbestrahlten« Völker. Zur Untersuchung des Rückfindeverhaltens wurden Bienen jedes Stockes mit Farbtupfern markiert und ab dem fünften Tag nach Einbringen der Telefone in einer Distanz von 800 m zum Stock freigelassen. Es ergaben sich signifikante Unterschiede zwischen den bestrahlten und »unbestrahlten« Bienen. Von den Bienen aus »unbestrahlten« Stöcken kehrten insgesamt 40 % zurück, bei den bestrahlten waren es lediglich 7 %. Folgestudien bestätigten diese Forschungsergebnisse. Ferdinand Ruzicka veröffentlichte in der Schweizer Fachzeitschrift »Der Bienenvater« in Heft 9, 2003, die Ergebnisse einer Umfrage unter Imkern: Die Frage, ob im Umkreis von 300 m des Bienenstandes eine Mobilfunkantenne steht, wurde in allen 20 Antworten bejaht. Die Frage nach

Ein Mobilfunkmast mitten in einem Naturschutzgebiet.

einer höheren Schwarmneigung wurde von 25 % positiv beantwortet. Die Frage nach einer höheren Aggressivität als vor der Inbetriebnahme der Sendeanlage bejahten 38 %. Die letzte Frage nach unerklärlichen Völkerzusammenbrüchen wurde von 63 % bestätigt.

Bienenvölker werden nach Ruzickas Beobachtungen durch die Mobilfunkstrahlung so geschwächt, dass sie für diverse Krankheiten anfälliger werden, was auch zum Zusammenbruch der Völker beitragen kann. Denn Bienen gelten, ähnlich den Schmetterlingen, deren Bestand in den letzten Jahren ebenso dramatisch zurückgegangen ist, als sehr fragile Lebewesen. Gemäß Dr. Ruzicka konnten Bienenvölker vor 15 Jahren einen wesentlich höheren Befall an Varroamilben verkraften als heute. Solange offen mit derartigen Befunden umgegangen wird, gibt es wenigstens die Chance, etwas gegen die negativen Auswirkungen zu unternehmen und für Abhilfe zu sorgen.

Leider aber gibt es in diesem Bereich belegte Nachweise, dass Versuche unternommen werden, wissenschaftliche Elektrosmogdaten zu unterdrücken oder zu vernichten.

Die Pandora-Stiftung für unabhängige Forschung hat eine Dokumentation (unter www.diagnose-funk.org) erstellt, in der über eine internationale Kampagne mit dem Ziel berichtet wird, aus der Medizinischen Universität Wien (MUW) stammende Forschungsergebnisse, die auf ein erbgutschädigendes Potenzial der Mobilfunkstrahlung hinweisen, wieder aus der wissenschaftlichen Literatur zu entfernen. Die Dokumentation belegt die enge Zusammenarbeit zwischen Professor Alexander Lerchl, leitendes Mitglied der Strahlenschutzkommission (SSK) des Bundesamtes für Strahlenschutz (BfS), und Professor Wolfgang Schütz, Rektor der MUW, und ihr abgestimmtes Vorgehen beim Versuch der Datenvernichtung. In Teil I der Dokumentation, der bereits im Januar 2011 vorgelegt wurde, ist nachzulesen, dass Professor Schütz sein Ziel an der MUW mit Methoden erreichen wollte, wie man sie beim Rektor einer Universität nicht erwarten sollte, und wie er damit gescheitert ist. Im jetzt vorgelegten Teil II der Dokumentation wird dargestellt, zu welchen Mitteln Professor Lerchl gegriffen hat, um die Rücknahme der Daten zu erzwingen, und dass er wie Professor Schütz dabei an den eigenen Intrigen gescheitert ist. Mit seinem Vorgehen in der Angelegenheit habe sich Professor Lerchl für jedes öffentliche Amt selbst disqualifiziert, so die Schlussfolgerung der Dokumentation der Pandora-Stiftung.

Der Schweizer Wissenschaftler Daniel Favre veröffentlichte im Jahr 2010 den Forschungsbericht »Mobiltelefon-induzierte Pieptöne von Arbeiterinnen der Honigbiene«. In seinem Experiment platzierte er zwei Mobiltelefone im aktiven Modus in die Nähe von Bienen, zeichnete die von ihnen produzierten Pieptöne auf und analysierte sie. Es zeigte sich, dass sich die Bienen durch die aktiv kommunizierenden Mobiltelefone im Volk gestört fühlten und sie zum Senden von Pieptönen angeregt wurden. Unter natürlichen Bedingungen sind solche Pieptöne ein unzweifelhaftes Signal für die Schwarmvorbereitung oder eine Reaktion auf Störungen im Volk.

Ved Prakash Sharma und Neelima Kumar, Forscher der Punjab University im indischen Chandigarh, haben konkrete Hinweise darauf gefunden, dass auch der Mobilfunk eine Mitschuld am Bienensterben trägt. Die Wissenschaftler bestrahlten einen Bienenstock mehrmals täglich mit zwei Handys. Nach drei Monaten verzeichneten sie eine deutliche Verkleinerung des Bienenvolkes und eine geringere Anzahl von Eiern. Außerdem war die Honigproduktion zum Erliegen gekommen. Die Arbeiterinnen kehrten immer seltener zum Bienenstock zurück, nachdem sie Nektar gesammelt hatten. Auffällig war, dass die Bienen nicht in ihrem Stock starben und auch in der näheren Umgebung keine höhere Anzahl toter Tiere zu finden war. Außerdem kommen die Forscher zu dem Schluss, dass sich die elektromagnetischen Wellen des Mobilfunks nachteilig auf den Orientierungssinn der Bienen auswirken. Diese Ergebnisse wurden im Jahr 2010 in der Zeitschrift Current Science mit dem Titel »Changes in honeybee behaviour and biology under the influence of cellphone radiation« veröffentlicht.

5 Risiken aus der Landwirtschaft

Auch wenn in diesem Kapitel unterschiedliche Gefahrenpunkte aufgeführt sind, so bilden sie doch alle eine Einheit, weil sie sich gegenseitig bedingen und das eine ohne das andere nicht denkbar wäre, wie zum Beispiel Monokulturen und Pestizideinsatz, der wiederum die Gentechnik bedingt und umgekehrt. Leider ist dieses Kapitel das umfangreichste, und es zeigt die Verwobenheit von Politik, Konzernen und teilweise ganz und gar nicht mehr unabhängiger Forschung auf dem Gebiet der Agrochemie auf.

5.1 Das Agribusiness der Großkonzerne

Großkonzerne blasen mit ihrem Agribusiness zur flächendeckenden, weltumspannenden Vernichtung der traditionellen bäuerlichen Betriebe. Um die Verflechtungen und Abhängigkeiten in der weltweiten Landwirtschaft besser verstehen zu können, müssen wir zuerst einmal den Begriff »Agribusiness« in seiner Entstehung und Bedeutung erläutern. Dieser wurde von John H. Davis im Jahr 1956 zum ersten Mal benutzt. Er war in den 1950er-Jahren stellvertretender Landwirtschaftsminister unter Präsident Eisenhower. 1956 veröffentlichte Davis einen Artikel in der Harvard Business Review (»Von der Landwirtschaft zum Agribusiness«), der eine wegweisende Strategie darlegte: »Der einzige Weg, um das sogenannte Farmproblem ein für allemal zu lösen und schwerfällige Regierungsprogramme zu umgehen, ist die Entwicklung der Landwirtschaft hin zum Agribusiness.« Verfeinert wurden diese Denkansätze in einem zweiten Artikel, den er zusammen mit Ray A. Goldberg 1957 veröffentlichte. Er wusste genau, was er damit meinte, auch wenn ihn damals nur wenige wirklich verstanden haben: eine Revolution der landwirtschaftlichen Produktion, die einigen multinationalen Konzernen die Kontrolle über die Nahrungskette verschaffen würde und ein Ende der traditionellen bäuerlichen Familienbetriebe bedeutete.

5.1.1 »Grüne Revolution« mit katastrophalen Folgen

Wie Marc Lappé und Britt Bailey in ihrem Buch »Machtkampf Biotechnologie. Wem gehören unsere Lebensmittel?« ausführen, war ein entscheidender Aspekt, der die Interessen der Rockefeller-Stiftung und anderer US-Agribusiness-Firmen bestimmte, die schnelle Verbreitung des neuen Hybrid-Saatguts auf den weltweit expandierenden Märkten. Ein wesentliches Merkmal der Hybrid-Saat ist ihre begrenzte Fortpflanzungsfähigkeit. Hybride haben einen eingebauten Schutz gegen Vermehrung. Im Gegensatz zur normal befruchteten Spezies, bei der die Erträge denen der Elterngeneration gleichen, ist der Ertrag aus den Samen der Hybride deutlich geringer als bei der ersten Generation. Für die Saatgutlieferanten ist entscheidend, dass die Bauern jedes Jahr neues Saatgut kaufen müssen, um gleichbleibende Erträge zu erzielen. Selbstverständlich gehören die einschlägigen Spritzmittel unabdingbar dazu, sonst wird es die versprochenen Erträge nicht geben. Zudem verhindert der verminderte Ertrag der zweiten Generation den freien Handel mit Saatgut, was oft ohne Genehmigung der Züchter passiert. Hybride verhindern die Verbreitung kommerziellen Saatguts durch Zwischenhändler. Wenn die großen multinationalen Saatgutfirmen in der Lage sind, die Zuchtlinien ihrer Hybride zu sichern und zu kontrollieren, dann ist weder ein Bauer noch ein anderer Wettbewerber in der Lage, solche Hybride zu produzieren. Die globale Konzentration der Patente für Hybrid-Saatgut auf eine Handvoll gigantischer Saatgutfirmen, angeführt von Monsanto, Syngenta, Dow, Bayer und BASF, schufen die Grundlage für die Revolution mit gentechnisch verändertem Saatgut.

Tatsächlich stürzte die Einführung der modernen amerikanischen Landwirtschaftstechnologien, der chemischen Düngemittel und des kommerziell produzierten Hybrid-Saatguts die Bauern der Entwicklungsländer, vor allem die wohlhabenden, in die Abhängigkeit von ausländischen, meist amerikanischen Agribusiness-, Agrochemie- und Mineralölkonzernen. Das war der erste Schritt in einer von langer Hand sorgfältig geplanten Entwicklung, so Lappé und Bailey. Mithilfe der »Grünen Revolution« verschaffte sich das Agribusiness einen Zugang zu Märkten, die bis dahin auf US-Exporte begrenzt waren. Diese Entwicklung wurde später als »marktorientierte Landwirtschaft« bezeichnet. Tatsächlich war es eine vom Agribusiness kontrollierte Landwirtschaft.

Mit der »Grünen Revolution« entwickelte und unterstützte die Rockefeller-Stiftung, später gemeinsam mit der Ford-Stiftung, die außenpolitischen Ziele der USAID (United States Agency for International Development).

Ein weiterer Effekt der »Grünen Revolution« war die Vertreibung der Kleinbauern aus den ländlichen Gegenden in die Slums der Vorstädte, in denen sie verzweifelt nach einem neuen Broterwerb suchten. Dies war kein unerwünschter Nebeneffekt, sondern Teil eines Plans: die Schaffung einer Reservearmee billiger Arbeitskräfte für die expandierenden multinationalen US-Fabriken, die sogenannte Globalisierung der vergangenen Jahre (vgl. Engdahl 2007).

Während die Werbekampagnen für die »Grüne Revolution« langsam verstummten, stellte sich heraus, dass die Resultate anders aussahen als die Versprechungen. Durch den wahllosen Einsatz von Pestiziden waren vielfach ernste Gesundheitsprobleme entstanden. Die Monokulturen des neuen Hybrid-Saatguts verringerte die Fruchtbarkeit der Böden, und nach einer gewissen Zeit sanken die Erträge. Anfangs waren die Ergebnisse beeindruckend gewesen: doppelte oder sogar dreifache Ertragsmengen bei einigen Getreidesorten wie Weizen, und auch bei Mais in Mexiko. Doch die Erfolge hielten nicht lange an.

Charakteristisch für die »Grüne Revolution« war, dass sie von großen Bewässerungsprojekten begleitet wurde. Mit Krediten der Weltbank errichtete man gewaltige neue Talsperren, die bewohntes Gebiet und fruchtbares Ackerland überfluteten und auf der anderen Seite viele Bauern und Familien aus ihren angestammten Gebieten vertrieben. Außerdem brachte der neue Super-Weizen nur dann hohe Erträge, wenn der Boden mit Düngemitteln geradezu gesättigt wurde. Die Grundstoffe des Kunstdüngers sind Stickstoff und Erdöl, Zutaten, die von den führenden Konzernen geliefert wurden, d. h., von den von ROCKEFELLER dominierten Mineralölgesellschaften.

Die gigantischen Mengen an Pflanzenschutz- und Unkrautvernichtungsmitteln, die zum Einsatz kommen, verschaffen den Öl- und Chemiegiganten neue Märkte. Von Anfang an waren die Entwicklungsländer nicht in der Lage, für die Mengen an chemischen Düngemitteln und Pestiziden selbst aufzukommen. Stattdessen erhielten sie großzügige Kredite von der Weltbank sowie gezielte Darlehen der Chase Manhattan Bank und anderer großer New Yorker Geldinstitute, abgesichert durch Regierungsbürgschaften (vgl. ENGDAHL 2007).

5.1.2 Pestizide – Geißel der modernen Landwirtschaft

Werfen wir einen Blick auf die Pestizide, mit denen dieser Globus langsam, aber sicher auf Jahrzehnte verseucht wird. Je nach zu bekämpfendem Schadorganismus unterscheidet man Insektizide (gegen Insekten), Akarizide (gegen Milben), Fungizide (gegen Pilze), Herbizide (gegen Unkräuter) u. a.

Eine tabellarische Übersicht der in diesem Buch behandelten Pestizide mit einer Auswahl der sie enthaltenden Produkte inklusive ihrer Zulassungsinhaber findet sich im Anhang.

Der Begriff »Pestizid« kommt aus dem Lateinischen *pestis* = Geißel, Seuche und *caedere* = töten. Ist es nicht bemerkenswert und erstaunlich, dass die Pest, die tödliche Seuche des 16. Jahrhunderts, den gleichen Wortursprung besitzt? Man bekommt den Eindruck, dass wir uns mit diesen Spritzmitteln in der Tat eine Geißel eingehandelt haben, die ausschließlich aus Profitgier weniger Konzerne über die gesamte Welt und Menschheit ergossen wird, ohne Rücksicht auf Verluste.

Eine herausragende Bedeutung als Insektizide haben jene aus der Wirkstoffklasse der Neonicotinoide (mit den fünf am häufigsten vorkommenden Wirkstoffen Acetamiprid, Clothianidin, Imidacloprid, Thiacloprid, Thiamethoxam). Neonicotinoide sind synthetische Insektizide mit ähnlicher Struktur und Wirkung wie Nikotin. Sie paralysieren Insekten – und dazu gehören auch die Bienen –, indem sie die postsynaptischen Acetylcholinrezeptoren im Zentralnervensystem irreversibel blockieren. Diese Beschädigung ist kumulativ, das bedeutet, dass sich die toxischen Effekte zeitabhängig zeigen, ganz gleich, wie niedrig der Level des Pestizideinsatzes auch gewesen sein mag, wie H. A. Tennekes im Jahr 2010 feststellen konnte. 3,7 ng Imidacloprid pro Biene (oral) bzw. 81 ng als Kontaktgift und 3,7 ng Clothianidin pro Biene (oral) bzw. 44 ng als Kontaktgift reichen aus, um sogenannte subletale (unterhalb der Todesschwelle) Effekte hervorzurufen. Bei Acetamiprid reichen 14 530 ng bzw. 8 010 ng, bei Thiacloprid 1 730 ng bzw. 38 820 ng und bei Thiamethoxam 5 ng bzw. 24 ng. Denkt man sich nun noch die sogenannten Verfallszeiten hinzu, kann man sich vorstellen, wie viel Zeit verstreichen muss, damit auf den kontaminierten Flächen wieder eine halbwegs »gesunde« Ernte möglich wird. Nach Hopwood und Kollegen ist mit folgenden Halbwertszeiten für die oben genannten Wirkstoffe zu rechnen: Acetamiprid 1–8 Tage, Clothianidin 148–1155 Tage (das sind mehr als drei Jahre!), Imidacloprid 40–997 Tage (fast drei Jahre!), Thiacloprid 1–27 Tage und Thiamethoxam 25–100 Tage.

Die extrem negativen Folgen dieses unmäßigen Pestizideinsatzes für unsere Honiglieferanten lassen sich aus dem bislang veröffentlichten Datenmaterial der letzten Jahre in zwölf Punkten zusammenfassen:

- Nachlassen des Zeitgedächtnisses und der »inneren Uhr« (Jahrestagung Bieneninstitute 2012).
- Nachlassen des Geschmacks- und Geruchssinns (Jahrestagung Bieneninstitute 2012).
- Nachlassen der Königinnennachzucht (vgl. Whitehorn et al. 2012).
- Nachlassen der Stoffwechseleffektivität (vgl. Hawthorne & Dively 2011).
- Nachlassen der Widerstandskräfte und des Immunsystems, um mit Krankheiten besser und schneller fertig werden zu können (vgl. Pettis et al. 2012).
- Krankhafte Veränderungen des Erinnerungs- und Lernvermögens (vgl. Suchail et al. 2001, Blacquiere et al. 2012).
- Versagen der Kommunikation mit den anderen Bienen im Stock (vgl. Hopwood et al. 2012).
- Reduzierte Effektivität bei der Futtersuche (vgl. Picard-Nizou et al. 1997, Schneider et al. 2012, Suchail et al. 2001).
- Nachlassen des Bruterfolges (vgl. Lu et al. 2012, Whitehorn et al. 2012) sowie subletale Auswirkungen auf die Brutwaben-Arbeiterinnen, was deren Entwicklung und Lebensspanne angeht (vgl. Wu et al. 2011).
- Orientierungslosigkeit bei der Futtersuche und Schwierigkeiten bei der Rück-

kehr in den Bienenstock (vgl. Vandenberg & Shimanuki 1986, Malone et al. 1999, Desneux et al. 2007, Henry et al. 2012, Schneider et al. 2012, Whitehorn et al. 2012).

- Bildung der Außenhaut (Chitin) der Bienen wird negativ beeinflusst (Jahrestagung Bieneninstitute 2012).
- Übertrag von Pestiziden über das Ejakulat (Baer & Boomsma 2006, Baer et al. 2006).

Hinzu kommt, dass nicht nur Pestizide über das Ejakulat übertragen werden. »Wir finden Reste von Viren und von Bakterien in Ejakulaten«, so Baer & Boomsma (2006). Ihr Forscherteam will darum überprüfen, ob die Paarung der Bienen das weltweite Bienensterben mitverursacht. »Wenn Bienen sich paaren und diese Mikroorganismen in den Erbanlagen vorhanden sind, sind sie übertragbar und können eine neue Generation infizieren. Das hat deshalb Relevanz, weil Bienen häufig künstlich besamt werden, um Zuchtlinien zu produzieren. Und wenn wir in diesen Samen sexuell übertragbare Parasiten haben, dann haben wir ein Problem, weil wir damit weltweit Parasiten verbreiten«, so Baer & Boomsma.

Wenn eine durch Pestizide geschwächte Biene nun auch noch durch einen Darmparasiten, z. B. den Einzeller *Nosema*, erkrankt, dann kann man sich vorstellen, dass ihr die genannten Gifte den Garaus bereiten, wie das Vidau et al. (2010) nachgewiesen haben. Runckel et al. (2011) fanden sogar in diesem Zusammenhang bei Bienen neue Viren, z. B. das Lake Sinai virus 2, das im Januar seine maximale Ausbreitung findet. Hinzu kommen das Kaschmir-Virus und das Akute-Paralyse-Virus (APV). Außerdem werden derart geschädigte Bienen sehr schnell Opfer von Vögeln, Amphibien und Fledermäusen, so Tennekes und Kollegen in ihren Untersuchungen aus den Jahren 2011 und 2012.

Noch ein paar Wirtschaftszahlen vorab: Die sogenannten »Big 6« der agrochemischen Firmen – Syngenta, Bayer, Monsanto, Dow, BASF und DuPont – kontrollieren 74 % des globalen Pestizidmarktes. Bayer entwickelte beispielsweise Imidacloprid, das erste Neonicotinoid, welches 1991 für die USA und drei Jahre später in der EU zugelassen wurde und mit etwa 527 Millionen Euro im Jahr 2010 zum »Bestseller« wurde. Bayer CropScience, das zweitgrößte Agrochemieunternehmen und siebtgrößter Samenhersteller, ist Teil der Bayer AG mit 20 800 Beschäftigten und einem Jahresumsatz von 8,4 Milliarden Euro (vgl. unter www.bayer.at/scripts/pages/de/konzern/profil_und_organisation/bayer_cropscience/index.php; Zahlen für 2012). Syngenta, ein Zusammenschluss aus Novalis-Agrar und Zeneca-Agrochemie, ist das größte Agrochemieunternehmen und der drittgrößte Samenproduzent mit einem Jahresumsatz im Jahr 2012 im Spritzmittelgeschäft von etwa 7,63 Milliarden Euro und 2,41 Milliarden Euro im Bereich Saatgut (vgl. unter www.iva.de/ticker/1291117740). Wie noch zu zeigen sein wird, gehören Spritzmittel und Saatgut untrennbar zusammen – eine wahre Gelddruckmaschine der Konzerne auf

Kosten der Umwelt! Sie werden sehen, welche negativen Folgen dieser Chemieeinsatz auf die Menschen, Flora und Fauna hat.

Erdrückende Beweise für die Schädlichkeit der Pestizide

Im Februar 2013 wurde eine Labor- und Feldstudie von M. Boily und Kollegen veröffentlicht, die Honigbienen einer subletalen (unterhalb der Todesschwelle) Dosis der beiden Neonicotinoide Clothianidin und Imidacloprid sowie den Herbiziden Glyphosat und Atrazin aussetzten. Diese derart behandelten Bienen schnitten signifikant schlechter ab als die unbehandelten Vergleichsgruppen, was die negativen Auswirkungen auf die Acetylcholinesterase (AChE) angeht. Die AChE ist für die Signalverarbeitung in den Nervenzellen der Honigbienen verantwortlich.

Roundup® mit dem schädlichen Wirkstoff Glyphosat gibt es auch für den Nichtlandwirt zu kaufen.

Diese Feststellungen bestätigen abermals all die negativen Auswirkungen im Bienenverhalten, die bereits zum großen Teil zusammenfassend im vorhergehenden Abschnitt genannt worden sind.

Einen Monat zuvor konnten Easton & Goulson (2013) nachweisen, dass Imidacloprid in feldrealistischen Konzentrationen Bestäuberflüge signifikant verringert.

C. H. Krupke und Kollegen konnten im Jahr 2012 Clothianidin und Thiamethoxam sowohl auf bearbeiteten als auch auf nichtbearbeiteten Feldern nachweisen, wie eine todbringende Kontamination von toten Bienen in und um Bienenstöcke herum, die in der Nähe dieser besagten Felder standen, ausgelöst wurde. Diese Studie wurde von der North American Pollinator Protection Campaign und einer Abteilung des United States Department of Agriculture (National Institute of Food and Agriculture) finanziell unterstützt. Wie in der Veröffentlichung unter PLOS ONE nachzulesen ist, haben die Geldgeber keinen Einfluss auf das Studiendesign, die Datensammlung und Analyse sowie die Manuskriptgestaltung und Veröffentlichung genommen. Auch die agrochemische Industrie hat diesen Angaben zufolge keinen Einfluss auf diese Forschung gehabt.

Auch dieses Fungizid ist gesundheits- und umweltschädlich, obwohl es eigentlich der Bekämpfung von pilzlichen Krankheiten im Getreide dient.

Pestizide wie Fungizide, Herbizide und Insektizide, die in der konventionellen Landwirtschaft eingesetzt werden, sind möglicherweise einzeln betrachtet bienenverträglich (oder auch nicht), führen aber vielleicht durch kumulierte Anreicherung im Genpool der Bienen zu gesundheitlichen Problemen. In der amerikanischen Zeitschriftendatenbank PubMed sind in einem Zeitraum von fünf Jahren von 2008 bis Anfang 2013 über die Thematik »Bienen und Gifte« im Zusammenhang mit Clothianidin 10, mit Neonicotinoid 33, mit Insektiziden 358, mit Pestiziden 484, mit Herbiziden 23 und mit Fungiziden 15 wissenschaftliche Veröffentlichungen registriert worden.

Bekannt sind in diesem Kontext folgende Feststellungen und Ereignisse:

Neonicotinoid-Präparate, wie die Insektizide Imidacloprid und Clothianidin, schädigen leider auch Bienen, also Nützlinge, obwohl eigentlich Schädlinge wie Maiszünsler, Drahtwürmer, Kartoffelkäfer, Rapserdflöhe und Pflanzenläuse an Zucker- und Futterrüben, Zwiebeln, Mais, Kartoffeln und Raps getroffen werden sollen. Im Jahr 2003 stellten französische Wissenschaftler fest, dass Saatgut, das mit dem unter dem Markennamen Gaucho® erhältlichen Insektennervengift gebeizt wird, für Bienen eine todbringende Gefahrenquelle darstellt. Das Mittel wurde zwar 2004 in Frankreich verboten, aber die andere Rheinseite war dadurch nicht geschützt, sodass es im Jahr 2008 am Oberrhein zu einem Massensterben von ca. 12 000 Bienenvölkern mit mehr als 300 Millionen Tieren kam. Passiert ist seither wenig. Leider finden die Bienen, anders als beispielsweise Kühe oder Schweine, keine öffentlichen Fürsprecher, außerdem fällt ihr Tod, auch in dieser unglaublichen Menge, kaum auf, weil sie sehr klein und kaum sichtbar sind, es sei denn, sie würden alle gemeinsam auf einem Haufen in oder in der Nähe der Bienenbehausung gefunden werden.

Weitreichende Untersuchungen des Julius-Kühn-Institutes (JKI), Bundesforschungsinstitut für Kulturpflanzen, eine selbstständige Bundesoberbehörde im Geschäftsbereich des Bundesministeriums für Ernährung, Landwirtschaft und Verbraucherschutz, stellten zweifelsfrei fest, dass davon ausgegangen werden musste, »dass Clothianidin für den Tod der Bienen vor allem in Teilen Baden-Württembergs verantwortlich ist« (Pressemitteilung des JKI vom 10.06.2008). Wird aber dieses Spritzmittel nur in Baden-Württemberg angewandt? Kaum zu glauben, dass dieser Wirkstoff nicht überall solche verheerenden Auswirkungen zeitigt! Wer schon einmal die Gelegenheit hatte, einem Bauern beim Säen zuzusehen, dem wird nicht entgangen sein, dass bei trockenem Wetter riesige Staubwolken entstehen, die im nahen und weiteren Umfeld Obst-, Raps- und Löwenzahnblüten kontaminieren. Auch diese werden von Bienen beflogen. Im Wendebereich der Sämaschinen fallen zudem immer wieder große Saatgutmengen auf den Boden und werden eben nicht in die Erde verbracht, sondern bleiben sozusagen an der frischen Luft liegen, werden von Regenwasser und Tau aufgeweicht und vermischen sich mit diesen in Pfützen und dergleichen. Bienen, die leider keine Schadstoffsensoren besitzen, bedienen sich bei Durst dieses Wassers, wenn nichts anderes Trinkbares in der Nähe zu finden ist. Auch das Tauwasser an den Pflanzen, deren Samen mit Neonicotinoiden behandelt wurden, ist nachweislich verseucht und bereitet den davon trinkenden Bienen den Garaus.

Zu Risiken und Nebenwirkungen lesen Sie …

Sehen Sie sich einmal die »Hinweise für den sicheren Umgang – Anwenderschutz«, beispielsweise für das Beizmittel Gaucho® 70 WS oder vergleichbare Produkte, genauer an: »Jeden unnötigen Kontakt mit dem Mittel vermeiden. Missbrauch kann zu Gesundheitsschäden führen. ... Dicht abschließende Schutzbrille tragen bei Ausbringung/Handhabung des Mittels. Universal-Schutzhandschuhe tragen ... Partikelfiltrierende Halbmaske ... tragen ... Beim Umgang mit gebeiztem Saatgut Universalschutzhandschuhe ... und Schutzanzug tragen ... Handschuhe vor dem Ausziehen waschen ...«, heißt es in der Produktliste 2013 – Pflanzenschutzmittel von Bayer CropScience (S. 323 f., 151, 201f., 371, 449, 470, 499).

Haben Sie schon einmal einen so »eingekleideten« Landwirt auf dem Feld oder im Traktor gesehen? Dazu erklärten zwei Demeter-Bauern in einem Gespräch mit dem Autor über die ehemals konventionelle Landwirtschaft ihrer Obstbetriebe:

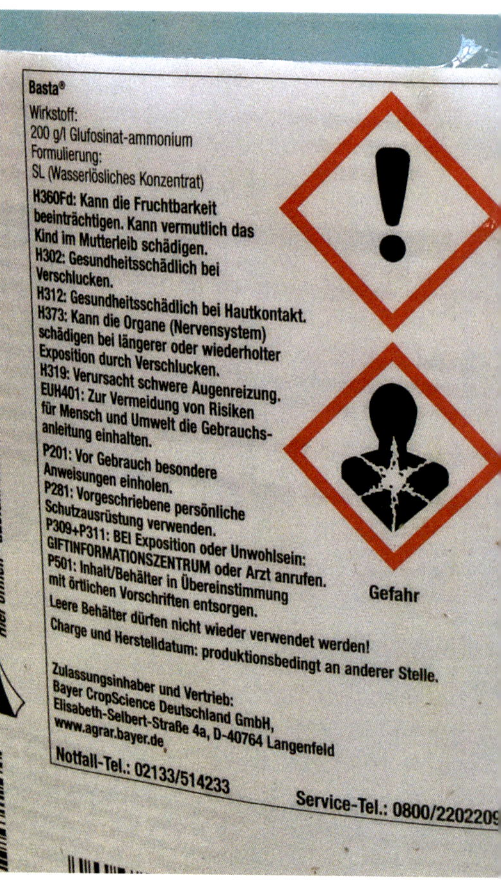

Basta® macht seinem Namen alle Ehre: Das Glufosinat-ammonium führt zu den in den Wirkstoffhinweisen angegebenen Beeinträchtigungen bzw. gesundheitlichen Schädigungen.

»Unsere Väter sagten immer: Wir können doch nicht mit Maske auf dem Traktor sitzen. Wenn uns dann die Kunden sehen, verkaufen wir hier keinen einzigen Apfel mehr!«

Es geht weiter in der Produktliste: »Behandeltes Saatgut nicht verzehren und nicht verfüttern ... Aufgrund der durch die Zulassung festgelegten Anwendungen des Mittels werden Bienen nicht gefährdet (B3) … Das Mittel ist giftig für Fische und Fischnährtiere … Gesundheitsschädlich beim Verschlucken. Kann allergische Hautreaktionen auslösen. Sehr giftig für Wasserorganismen mit langfristiger Wirkung.« Und weiter wird uns erzählt, dass das (Trink)Wasser an sich nicht gefährdet wird …

Biscaya® mit Thiacloprid als Wirkstoff »kann vermutlich Krebs erzeugen« (S. 152); Basta® mit dem Wirkstoff Glufosinat-ammonium »kann die Fruchtbarkeit beeinträchtigen, kann vermutlich das Kind im Mutterleib schädigen, kann die Organe (Nervensystem) schädigen bei längerer oder wiederholter Exposition, … verursacht schwere Augenreizungen« (S. 132). Die meisten Mittel müssen eine Kennzeichnung nach GefStoffV enthalten, so u. a. »gesundheitsschädlich«, »umweltgefährlich«, »sehr giftig für Wasserorganismen«, »kann in Gewässern längerfristig schädliche Wirkungen haben« (z. B. S. 132, 152, 203, 216, 242, 324, 371).

Und weiter:

»Das Mittel ist für Vögel giftig … Der Betriebsleiter ist verpflichtet, die zur Aussaat des behandelten Saatgutes vorgesehenen Flächen mindestens 48 Stunden vor der Aussaat Imkern bekannt zu geben, deren Bienenstände sich um Umkreis von 60 m um die Aussaatflächen befinden« (S. 244). Übrigens dürfen die meisten dieser oder anderer Gifte nicht bei Windgeschwindigkeiten über 5 m/s ausgebracht werden (S. 244, 322).

Bei diesen Warnhinweisen fragt man sich allerdings ernsthaft, wie lange in den zuständigen Behörden noch gewartet wird, bis sie diese Mittel und diese Art der Landwirtschaft untersagen.

Insektizide: Studien belegen Bienenschädlichkeit

Insektizide (und Akarizide) werden häufig als Beizmittel eingesetzt. Als Beizung bezeichnet man die Behandlung von Saatgut mit den entsprechenden Mitteln, die vom Sämling aufgenommen und als systemische Wirkstoffe im Saft der heranwachsenden Pflanze diese vor Schadinsekten schützen. Bienen haben zahlreiche Möglichkeiten, mit diesen Beizmitteln in Berührung zu kommen. Der Abschlussbericht des Projektes MELISSA der Österreichischen Agenturen für Gesundheit und Ernährungssicherheit listet diese Kontaktmöglichkeiten auf:

- Staubabdrift auf die Umgebungsvegetation während des Säens: Dabei können in die Sämaschine gelangte Staubanteile und Abriebpartikel in die Umwelt abdriften und sich auf benachbarten Vegetationsflächen niederschlagen. Im Zuge der Sammeltätigkeit besteht dann die Möglichkeit, dass Bienen mit kontaminierten Flächen (Blättern, Stängeln, Blüten) in Kontakt kommen (Greatti et al. 2003, 2006, Pistorius et al. 2009, Georgiadis et al. 2011, Krupke et al. 2012).

- Kontakt mit insektizidbelasteten Abriebstäuben in der Flugphase: Diese Art der Exposition scheint nach neueren Arbeiten eine wesentlich größere Rolle zu spielen als bisher angenommen (Girolami et al. 2012, APENET-Bericht 2010, 2011, nachzulesen unter www.apenet.eu, Krupke et al. 2012). Demnach reichte die Staubemission der Sämaschine bei einmaligem Kontakt aus, um die Bienen zu töten, ohne dass die Aufnahme von wirkstoffbelastetem Futter nötig gewesen wäre. Grund dafür ist der hohe Wirkstoffanteil von 20 % im Abriebstaub. Hohe Luftfeuchtigkeit beschleunigt den Eintritt der toxischen Wirkung.
- Aufnahme von insektiziden Beizmittelwirkstoffen durch Nutzung von Guttationstropfen (Wasser, das Pflanzen bei Wassersättigung abgeben) zur Wasserversorgung der Bienenvölker: Verschiedene Arbeiten haben klar belegt, dass in Guttationstropfen von Pflanzen, die aus mit systemischen Insektiziden gebeiztem Maissaatgut gewachsen sind, hohe Wirkstoffkonzentrationen vorkommen können, insbesondere zu Beginn, solange die Jungpflanzen noch klein sind (Girolami et al. 2009, Tanner 2010, Tapparo et al. 2011). Über den tatsächlichen Umfang der Nutzung von Guttationstropfen durch Bienen wurde aber viel diskutiert. Diese dürfte ganz wesentlich vom Vorhandensein und der Attraktivität der unterschiedlichen Wasserquellen abhängen. Von Berg (2011) wurde in einem kurzen Beitrag auf dem Veitshöchheimer Imkerforum 2011 berichtet, dass mit Einsetzen der Guttation in Mais in einem Fall eine erhöhte Todesrate bei Bienenvölkern aufgetreten sei und in den toten Bienen der Wirkstoff Clothianidin nachgewiesen wurde.
- Aufnahme von kontaminiertem Pollen oder Nektar: Wasserlösliche Beizmittelwirkstoffe werden über die Wurzeln aufgenommen, mit dem Wasserstrom in der Pflanze verteilt, und gelangen dadurch auch in den Nektar und Blütenpollen (Krupke et al. 2012, Cutler & Scott-Dupree 2007).
- Kontaminiertes Wasser (Pfützen, kontaminierte Tränken, Brunnen): Im Zusammenhang mit der Verwendung neonicotinoider Saatgutbeizmittel und der Aussaat mit pneumatischen Sämaschinen gab es 2001 (Greatti et al. 2003) aus Italien den ersten Bericht über das Risiko einer Abdrift von insektizidhaltigem Beizmittelstaub auf Nachbarflächen. Im Frühjahr 2008 kam es im Rheingraben nach dem Einsatz von clothianidingebeiztem Maissaatgut mit pneumatischen Sämaschinen zu schweren Bienenverlusten. Die dazu durchgeführten Untersuchungen ergaben einen kausalen Zusammenhang zwischen der Anwendung dieses insektiziden Beizmittelwirkstoffes und den aufgetretenen Bienenschäden. Dieselben Probleme traten im gleichen Jahr auch in Italien und Slowenien auf

(Bericht Republik Slovenia, 2008). Nach Bekanntwerden der Ergebnisse über den eindeutigen Zusammenhang zwischen Bienenschäden und der Anwendung von insektiziden Maissaatgutbeizmitteln im Rheingraben wurden die wenigen aus dem Projekt »Maßnahmen zur Förderung der Bienengesundheit – Klärung von Bienenverlusten mit unbekannter Ursache« (Laufzeit: 2005–2009) verfügbaren Proben aus österreichischen Maisanbaugebieten auf insektizide Maisbeizmittel untersucht. Bei einigen davon war – aufgrund der Berichte aus Deutschland – von den Imkern ein Zusammenhang mit insektiziden Saatgutbeizmitteln vermutet worden. Lediglich in einem Fall fanden sich im Jahr 2008 Hinweise auf eine mögliche Beteiligung von Saatgutbeizmitteln in Form von Spuren des Wirkstoffes Methiocarb. Dieser wird als Repellent gegen Vogelfraß bei Maissaatgut eingesetzt und war auch bei den Untersuchungen der Schäden in Deutschland ein wichtiger Marker für die Kontaminationsquelle (Trenkle 2008). Jedoch war die damals im Untersuchungslabor verfügbare Untersuchungstechnik und -methodik nicht empfindlich genug, um Rückstände bestimmen und quantifizieren zu können.

Zur Gewinnung von Daten aus der Praxis und Abschätzung der möglichen Relevanz dieses Problems für Österreich wurde von 2009–2011 vom Bundesministerium für Land- und Forstwirtschaft, Umwelt und Wasserwirtschaft und den Bundesländern das bereits erwähnte Projekt MELISSA beauftragt. Damit sollten mögliche Zusammenhänge des Auftretens von Bienenverlusten in Mais- und Rapsanbaugebieten Österreichs mit Bienenkrankheiten und dem Einsatz von Pflanzenschutzmitteln untersucht werden.

Bei den ab Beginn der Maisaussaat im Jahr 2009 gemeldeten Fällen von Vergiftungsverdacht erfolgten Rückstandsuntersuchungen auf Clothianidin, Thiamethoxam, Imidacloprid, Fipronil und dessen Metaboliten Fipronil-sulfon. Die Parameter der Gesundheitsuntersuchungen umfassten *Varroa destructor*, *Nosema* spp. (*N. apis*, *N. ceranae*) und sieben Bienenviren (ABPV, DWV, CBPV, SBV, BQCV, KBV, IAPV).

Die Ergebnisse der Rückstandsuntersuchungen von geschädigten oder toten Bienen, von Bienenbrot aus Völkern mit Vergiftungsverdacht und von Pflanzenproben aus dem Umfeld der mit insektizidgebeiztem Maissaatgut bestellten Felder bestätigten in unterschiedlicher Höhe in allen drei Versuchsjahren die Kontamination mit den zur Saatgutbeizung eingesetzten Wirkstoffen. Auch die geschädigten Bienen zeigten auf den betroffenen Bienenständen typische Vergiftungssymptome. Parallel dazu durchgeführte Rückstandsuntersuchungen an Bienenbrotproben von Bienenständen ohne Vergiftungsverdacht zeigten ebenfalls eine nachweisbare Kontamination mit insektiziden Wirkstoffen von Saatgutbeizmitteln. Die an den Bienenproben von Ständen mit Vergiftungsverdacht durchgeführten Untersuchungen auf Krankheitserreger und Parasiten erbrachten nur bei einem Teil der Proben einen positiven Nachweis oder die an geschädigten Bienen beobachteten Symptome waren untypisch für einen Krankheitsbefall. Für die in Österreich ausschließlich als

Beizmittel eingesetzten Wirkstoffe (Clothianidin, auch als Metabolit von Thiamethoxam) ist damit die Herkunft der Kontamination aus insektizidgebeiztem Maissaatgut mit höchster Wahrscheinlichkeit erwiesen. Für andere Wirkstoffe kann dies in der Mehrzahl der Fälle mit positivem Rückstandsnachweis und Auftreten der Bienenschäden zur Zeit der Aussaat von Mais bzw. Ölkürbis ebenfalls mit hoher Wahrscheinlichkeit angenommen werden. Allerdings sind für einige rückstandsanalytisch nachgewiesene Wirkstoffe auch andere Expositionswege wahrscheinlich, da diese – gemäß Zulassung – neben ihrer Anwendung als Saatgutbeizmittel auch in anderen Applikationsformen eingesetzt werden können. Beispielsweise kommen Imidacloprid und Thiamethoxam auch als Spritzmittel zum Einsatz, Fipronil in Granulatform im Pflanzenschutz bzw. auch in der Tiermedizin als Ektoparasitikum. In derartigen Fällen ist kein eindeutiger Zusammenhang zur Saatgutbeizung herstellbar. An der Beteiligung des rückstandsanalytisch nachgewiesenen Wirkstoffes an den beobachteten Bienenschäden besteht aber auch in diesen Fällen kein Zweifel. Dass die in toten Bienen gemessenen Rückstandskonzentrationen meist unter der LD_{50} (mittlere letale Dosis) der eingesetzten insektiziden Beizmittelwirkstoffe lagen, steht in Übereinstimmung mit untersuchten ähnlichen Fällen in Nachbarländern (Deutschland 2008: Abschlussbericht Baden-Württemberg; Slowenien 2011: schriftl. Mttl. Ministerium für Landwirtschaft, Forstwirtschaft und Ernährung, 09.05.2011). Offenbar kommen nicht mehr alle hoch belasteten Bienen zum Stock zurück – da die eingesetzten Wirkstoffe negative Auswirkungen auf Leistungs-, Orientierungs- und Verhaltensparameter der Bienen haben. Weiterhin ist zu berücksichtigen, dass um die Zeit der Mais- bzw. Ölkürbisaussaat auch ein Teil der Winterbienen natürlicherweise abstirbt, sodass die Sammlung toter Bienen vor dem Bienenstock nur einen Durchschnittswert der Kontamination ergibt. Das Ausmaß der tatsächlich mit Insektiziden belasteten Bienen, insbesondere Spitzenwerte an Einzelbienen, wird somit bei der üblicherweise durchgeführten Untersuchung von Sammelproben nicht erfasst. Die Tatsache, dass sowohl im Bienenbrot aus Völkern mit Vergiftungsverdacht als auch aus Monitoringvölkern ohne Vergiftungsverdacht insektizide Saatgutbeizmittel nachweisbar waren, lässt subletale Langzeiteffekte, wie sie in der Literatur bereits beschrieben wurden, durchaus als möglich erscheinen.

Die im Jahr 2011 in Slowenien und Österreich aufgetretenen Bienenschäden zur Zeit der Maisaussaat und die positiven Ergebnisse der Rückstandsuntersuchungen zeigen, dass das Problem der Wirkstoffabdrift mit den derzeit verpflichtend eingesetzten Typen von Deflektoren noch nicht zufriedenstellend gelöst werden konnte. Ob tatsächlich in jedem Fall, bei dem in Österreich ein Zusammenhang der Bienenschäden mit der Aussaat von gebeiztem Saatgut hergestellt werden konnte, alle Zulassungs- und Anwendungsauflagen lückenlos eingehalten wurden (z. B. abdriftzertifizierter Deflektor, keine Aussaat bei Windgeschwindigkeiten von > 5 m/s), konnte im Rahmen des Projektes nicht hinreichend geklärt werden. Die retrospektiv durchgeführten Auswertungen der Windverhältnisse für den Monat April ergaben jedenfalls an zahlreichen Tagen Windspitzenwerte oder Windstundenmittelwerte, die an den meteorologischen Messstationen den erlaubten Wert von 5 m/s deutlich überschritten hatten. Es wurde beobachtet bzw. es lässt sich aus den zeitlichen Abfolgen der beobachteten Schadsymptome und Schäden an Bienenvölkern schließen, dass der Anbau auch an Tagen mit erhöhter Windabdrift erfolgte.

Girolami et al. (2012) beobachteten im Zuge experimenteller Anbauversuche von insektizidgebeiztem Maissaatgut mit einer pneumatischen Sämaschine (ohne Deflektor) einen Anstieg der Bienenmortalität vor den Bienenstöcken. Studien des deutschen JKI kamen in einem Versuchsansatz, der »worst case«-Bedingungen entspricht, zu ähnlichen Ergebnissen nach Aussaat von gebeiztem Mais (Poster 11th International Symposium of the ICPBR Bee Protection Group, 2011). Gezielte Aussaatversuche in Italien ergaben eine abdriftmindernde Wirkung der Deflektoren von lediglich 50 % (Versuche 2009, 2010). Erst nach zusätzlichem Einsatz von Antipollenfiltern erhöhte sich die Staubabdrift mindernde Wirkung auf ca. 90–95 %, je nach Wirkstoff. Dennoch erreichte die Mortalität der Bienen, die diese Staubwolke über der Sämaschine durchflogen, noch ca. 30–60 %. Im Vergleich dazu lag die Mortalität beim Durchflug der Staubwolke einer nur mit Deflektor ausgestatteten Sämaschine bei 85 % (APENET-Report 2011). Da gerade der feinste Staubanteil den höchsten Wirkstoffgehalt hat und über weite Strecken transportiert werden kann, muss in Zukunft das Bestreben dahin gehen, jegliche Abdrift von insektizidem Beizmittelstaub durch entsprechende Filter oder Auffangeinrichtungen zu vermeiden. Zudem ist der Anbau von insektizidgebeiztem Saatgut mit den Wirkstoffen Clothianidin, Thiamethoxam und Imidacloprid mit pneumatischen Sämaschinen ausschließlich bei geringsten Windgeschwindigkeiten anzustreben.

Andere, darunter gemäß RL 91/414 EWG und VO (EG) Nr. 1107/2009 nicht genehmigte Wirkstoffe, wurden in einem Teil der Proben mit Vergiftungsverdacht im Rahmen des Projektes MELISSA rückstandsanalytisch nachgewiesen. Wenngleich derartige Nachweise in einem eher geringen Anteil Ursache von Bienenschäden waren, überraschte doch deren Nachweis.

Die Ergebnisse der Gesundheitsuntersuchungen zeigten, dass an den Völkerverlusten während der Überwinterungsperiode in den meisten Fällen Varroose – in Kombination mit damit assoziierten Viren (DWV, ABPV) – ursächlich beteiligt war. Dieses Ergebnis deckt sich mit jenem aus dem Deutschen Bienenmonitoring (DeBiMo; Genersch et al. 2010).

Im Gegensatz dazu spielten Varroose und die damit assoziierten Viren bei den zur Zeit der Mais- bzw. Ölkürbisaussaat gemeldeten Bienenschäden mit Vergiftungsverdacht keine wesentliche Rolle. Dies gilt – mit Ausnahme von *Nosema* in einigen Fällen – auch für die anderen untersuchten Krankheitserreger.

Verheerende Neonicotinoide

Leider kommt eine weitere verheerende Wirkung der Neonicotinoide hinzu: Schon extrem geringe Mengen dieser Spritzmittel nehmen Bienen und Hummeln ihre Orientierungsfähigkeit, wie französische Wissenschaftler des Institute Nationale de la Recherche Agronomique INRA (Nationales Institut für Agrarforschungen) unter der Federführung von Mickaël Henry und Kollegen herausgefunden haben. Die Wissenschaftler verabreichten Testbienen eine weit unter der Normalaufnahme liegende Dosis des Spritzmittels und statteten diese im Brustbereich mit Mikrochips aus, um deren Flugwege zu verfolgen. Diese Bienen kehrten zwei- bis dreimal weniger häufig zu ihren Stöcken zurück als die Bienen aus der Kontrollgruppe ohne diese Giftgabe. Die vergifteten Bienen verirrten sich und kamen mit aller Wahrscheinlichkeit um, da sie allein nicht überleben können, es sei denn, sie hätten sich in einem fremden Volk »eingebettelt«. Diese Studie wurde am 29.03.2012 im Wissenschaftsjournal Science veröffentlicht. Alle Spritzmittel, die diesen Wirkstoff enthalten, sind seit dem 01.01.2013 in Frankreich verboten. Die deutschen Behörden müssen die Gefährlichkeit des Neonicotinoids erst noch nachweisen und erforschen!

Das gleiche Institut konnte unter Federführung von Cédric Alaux und Kollegen im Jahr 2009 belegen, dass sich die Todesrate der Bienen signifikant und deutlich erhöht, wenn Krankheitserreger wie *Nosema* (verursacht eine Durchfallerkrankung) und Neonicotinoidvergiftungen gleichzeitig auftreten. Diese Nachricht wurde in einer Pressemitteilung des INRA am 23.02.2010 veröffentlicht.

Von ähnlich negativen Auswirkungen des Neonicotinoideinsatzes berichteten Penelope Whitehorn und Kollegen am 20.04.2012 in Science. Allerdings experimentierten sie mit Hummeln und konnten nachweisen, dass infizierte Hummeln wesentlich kleinere Völker produzierten und eine viel geringere Neigung zur Königinnennachzucht besaßen. Ein Jahr zuvor hatten sie schon festgestellt, dass wilde Hummelvölker aufgrund einer Normaldosis Neonicotinoid signifikante Immunschwächen aufwiesen.

Die Hinweise auf die Bienengefährlichkeit von Neonicotinoiden haben sich in den letzten Jahren durch internationale Forschung massiv bestätigt, wie 15 Veröffentlichungen allein im Jahr 2012 in renommierten Fachzeitschriften wie Nature, Science, PLOS ONE und Ecotoxicology unter Beweis stellen.

Daniela Laurino und ihre Kollegen führten in Labortests den Nachweis der Giftigkeit der Neonicotinoide Thiametoxam, Clothianidin, Acetamiprid und Thiacloprid an Bienen durch. Ihre Ergebnisse aus dem Jahr 2011 ergaben folgendes Bild: Thiametoxam und Clothianidin führten zu einer signifikant höheren Todesrate als in der Kontrollgruppe, wobei beide Neonicotinoide oral über eine Zuckersiruplösung und indirekten Kontakt verabreicht wurden, und dann die Konzentration beider Inhaltsstoffe soweit abgesenkt wurde, bis keine statistisch signifikante Mortalität mehr vorlag. Bei Acetamiprid und Thiacloprid war die Mortalitätsrate nur bei oraler Aufnahme höher als in der Kontrollgruppe.

Aus dem Jahr 2011 stammt eine Studie von A. Tapparo und Mitstreitern, die die Pestizidkonzentrationen im Tau von Korn, Sonnenblumen und gv-Raps untersucht haben, deren Samen die Giftstoffe Imidacloprid, Clothianidin und Thiamethoxam vor dem Einsäen enthielten. In den Tautropfen, die sich im Laufe des Pflanzenwachstums auf deren Blättern ablagerten, wurden 346 mg Imidacloprid, 102 mg Clothianidin und 146 mg Thiamethoxam gemessen – in jedem Fall eine tödliche Dosis für Bienen. In Ermangelung anderer Frischwasserquellen trinken durstige Bienen eben dieses todbringende Tauwasser.

Im Jahr 2012 stellten V. Girolami und Kollegen fest, dass Bienen in Gebieten, in denen gebeiztes Korn ausgesät wird, eine fatale Kontamination mit den entstehenden Mikrostäuben des Saatgutes während des Fluges erleiden, mit der Folge einer signifikanten Bienensterblichkeit aufgrund dieses Kontaktes mit Neonicotinoiden.

C. W. Schneider und seine Mitarbeiter benutzten 2012 die Radiofrequenzidentifikation (RFID), um eine Reduktion der Futtersucheaktivitäten der Honigbiene nachzuweisen. Bereits drei Stunden nach der Behandlung der Bienen mit einer subletalen Dosis von mehr als 0,5 ng/Biene Clothianidin und mehr als 1,5 ng/Biene Imidacloprid konnten sie eine signifikante Reduzierung der Futterflugaktivitäten feststellen.

Einen ähnlichen Nachweis erbrachten S. Bethany und Mitarbeiter im gleichen Jahr, allerdings mit dem sogenannten EthoVisionXT-video-monitoring, zwecks Nachweis akuter und chronischer Effekte auf Bienen. Mit sehr geringen Dosen von 0,05–0,5 ppb Imidacloprid konnten ernstzunehmende, signifikante Verhaltensauffälligkeiten im Vergleich zu den Kontrollbienenvölkern festgestellt werden.

Eine sehr umfangreiche Forschungsarbeit haben Jennifer Hopwood und ihre Kollegen ebenfalls im Jahr 2012 über die negativen Auswirkungen der systemischen Insektizide auf die Bestäuber vorgelegt. Das am häufigsten eingesetzte Neonicotinoid namens Imidacloprid wird wie alle anderen von den Pflanzen absorbiert, über das vaskuläre System transportiert und ist somit für alle Arten von Insekten giftig, die die Blüten befliegen und Pollen und Nektar sammeln. Besonders wichtig für die Anwendung der Spritzmittel ist die Tatsache, dass diese Zusammenschau als einzige darauf hinweist, dass bislang niemand untersucht hat und weiß, wie welche Spritzmittel miteinander reagieren, die auf unsere Pflanzen aufgebracht werden. Im Weiteren werden die wesentlichen Forschungsergebnisse zu Neonicotinoiden aus aller Welt zusammengetragen und bewertet.

E. Hoffmann und sein Kollege St. Castle konnten im Jahr 2012 Imidacloprid im Melonentau nachweisen. Sie fanden sehr hohe Konzentrationen dieses Wirkstoffes in Melonentautropfen in Arizona. Diese Pflanzen werden regelmäßig mit einem Bayer-Präparat behandelt, welches 42,8 % Imidacloprid enthält. Konkret enthielt das Tauwasser von 1,073 µg/ml bis zu 37 µg/ml. Diese Dosis ist absolut tödlich für Bienen.

Die beiden Biologen M. Eiri und J. C. Nieh von der Universität San Diego haben entdeckt, dass das Pestizid Imidacloprid aus Bienen sogenannte wählerische Esser macht. Das bedeutet, dass die so geschädigten Bienen nahezu ausschließlich nur noch ganz süßen Nektar bevorzugen und den weniger süßen, der aber für das Wohlergehen des Bienenvolkes unerlässlich ist, meiden. Den beiden Forschern ist aufgefallen, dass die Bienen weniger tanzen und ihren Nestkolleginnen nur noch den Weg zu den süßen »Depots« zeigen. Insgesamt führt dieses Verhalten zur Futterreduktion im Stock, die zu einer großen Bienenvolksinstabilität und damit zum Volksverlust führt. Diese Studie wurde wie die vorher erwähnten ebenfalls im Jahr 2012 veröffentlicht.

Das Pesticide Action Network North America hat im Mai 2012 eine 22-seitige Broschüre über den Stand der Wissenschaft zum Thema Bienen und Pestizide herausgebracht, die unter www.panna.org. herunterzuladen ist. Verfasst wurde diese Übersicht von Heather Pilatic, die eine große Anzahl wissenschaftlicher Forschungsarbeiten aus den USA und Europa der letzten Jahre zusammengetragen und ausgewertet hat, unter dem vornehmlichen Gesichtspunkt der Colony collapse disorder (CCD) mit dem Fokus auf alle Pestizide. Sie kommt zu dem Schluss, dass die Sachlage komplex, aber nicht unklar ist: Schlüsselfaktor ist und bleibt der immens hohe Pestizideinsatz, der bei den Bienen zur Verschlechterung der Kommunikation, zu Desorientierung, zu verkürztem Leben, zur Beschädigung des Immunsystems sowie zu auseinandergerissenen und gestörten Brutzyklen der Honigbienen führt. Die wesentlichen negativen Auswirkungen von Neonicotinoiden auf Insekten wurden auch durch eine Masterarbeit von Teresa von Dijk im Jahr 2010 bestätigt.

Man fragt sich natürlich bei diesen erdrückenden Hinweisen auf die Schädlichkeit von Neonicotinoiden, wie es sein kann, dass diese Spritzmittel nicht längst vom Markt verschwunden sind. Das hängt sicher zum Teil auch mit der Verquickung von Politik und Industrie zusammen, da noch an anderer Stelle nachzuweisen sein wird, welche Entscheidungsträger in Kommissionen und Behörden gleichzeitig auch eine »gewisse Nähe« zur Agrochemieindustrie unterhalten.

Nur das Zusammenspiel zwischen EPA (Environmental Protection Agency; eine Behörde der US-Regierung zum Schutz der Umwelt) und dem Giganten der Agrochemie, Bayer, ermöglichte die Autorisierung des Gebrauchs von Clothianidin, welches mit der Zeit systematisch in Pflanzen und die Umwelt eindringt und dramatisch giftige Auswirkungen auf Bienen und auf viele andere Lebewesen hat.

Wikileaks hat eine interne Anweisung öffentlich gemacht (nachzulesen auf www.mieliditalia.it, 03.01.2011): Es ist die gehäufte Bestätigung, dass die EPA die Warnungen der eigenen Forscher in Absprache mit Bayer ignoriert hat, um Clothianidin zu autorisieren, das solch einem Giganten der Chemie erlaubt hat, allein im Jahr 2009 ein Geschäft von 183 Milliarden Euro mit dem Verkauf dieser Gifte zu machen.

Weitere bienenschädliche Insektizide

Nicht nur unter den Neonicotinoiden finden sich für Bienen höchst gefährliche Wirkstoffe.

Im Jahr 2009 konnten H. Modra und Z. Svodobova nachweisen, dass das Pflanzenschutzmittel Regent Wp 50® mit dem Wirkstoff Fipronil (ein Phenylpyrazol), welches bis 2005 regelmäßig in der Tschechischen Republik gespritzt werden durfte und verheerende Folgen für die Honigbienen hatte, nach seinem Verbot im Jahr 2006 keine negativen Auswirkungen mehr auf die Honigbienenpopulationen in der Tschechischen Republik hatte.

Ein Jahr später wurde eine Studie von J. Bernal und Kollegen veröffentlicht, die sich mit Pestizidrückständen in eingelagertem Pollen bei 1021 spanischen Erwerbsimkern beschäftigte. Demnach waren 42 % des Frühjahrpollens und 31 % des Spätsommerpollens belastet. Mit einem Gaschromatographen gelang der Nachweis, dass 3,7 % des Frühjahrpollens mit Fipronil angereichert waren.

A. Decourtye und Kollegen benutzten in ihrer Studie aus dem Jahr 2011 Fipronil, um den Nachweis zu führen, dass dieses Neonicotinoid, mit 0,3 ng oral verabreicht, ausreicht, um die Honigbienen zu signifikant weniger Futtersucheausflügen zu veranlassen.

Andere Insektizide wie Cipermetrina 25® (Wirkstoff Cypermethrin, ein Pyrethroid), Lorsban 48 E® (Wirkstoff Chlorpyrifos, ein Thiophosphorsäureester) und Thionex 35® (Wirkstoff Endosulfan, ein Cyclodien), die vornehmlich in Südamerika benutzt werden, führen zum vorzeitigen Tod von Bienen, wie eine Studie aus dem Jahr 2012 von Carrasco-Letelier und Kollegen in Uruguay zweifelsfrei herausgefunden hat.

Bienengefährliche Herbizide: Beispiel Glyphosat/Roundup®

Nicht weniger gefährlich sind Spritzmittel, die unter die Kategorie Herbizide (lat. *herba* = Kraut, Unkraut, Halm, und *caedere* = fällen, töten) fallen.

Mehrere wissenschaftliche Studien bestätigen, dass das weltweit verbreitetste chemische Herbizid Roundup® der Firma Monsanto nicht nur giftig ist, sondern eine Gefahr für den menschlichen und tierischen Organismus darstellt. Eine weitreichende wissenschaftliche Untersuchung wurde von Wissenschaftlern aus mehreren Ländern (Paganelli et al. 2010) unter der Leitung von Professor Andrés Carrasco erstellt. Carrasco leitet das Labor für Molekulare Embryologie an der Medizinischen Fakultät der Universität Buenos Aires und ist Mitglied des Argentinischen

Rates für Wissenschaftliche und Technische Forschung. Die Ergebnisse belegen in alarmierender Weise, dass Monsanto und die Agribusiness-Industrie systematisch die Unwahrheit über die Sicherheit von Roundup® gesagt haben. Bereits in weit geringeren Konzentrationen als denjenigen, die üblicherweise in der Landwirtschaft zur Anwendung kommen, wird Roundup® in Verbindung mit Missbildungen an Tieren und Menschen gebracht. Die gesundheitlichen Folgen sind unabsehbar. Alle auf dem Markt befindlichen führenden, gentechnisch veränderten Feldfrüchte (allgemein: GVO = gentechnisch veränderte Organismen) sind heute so modifiziert, dass sie das Herbizid Roundup® ohne größere Schäden an den Pflanzen dulden. Der gefährliche Wirkstoff heißt Glyphosat.

Glyphosat wurde von Monsanto in den 1970er-Jahren als sogenanntes Breitbandunkrautvernichtungsmittel zum Patent angemeldet, lange bevor die GVO auf den Markt kamen. Es wird normalerweise versprüht und über die Blätter aufgenommen, oder es wird als Herbizid in der Forstwirtschaft verwendet. Das Mittel wird von Monsanto seit 1974 unter dem Handelsnamen Roundup® vertrieben und enthält weitere, nicht deklarierte Inhaltsstoffe, die das Unternehmen als »Branchengeheimnis« hütet. 2005 wurden auf 87 % aller Sojabohnenanbauflächen in den USA Glyphosat-resistente, gentechnisch veränderte Sojabohnensorten angebaut. Die Felder wurden regelmäßig mit Roundup® besprüht. Übrigens konnten Professor Séralini und Kollegen im Jahr 2009 einen dieser nicht deklarierten Wirkstoffe identifizieren: Die Studie ergab, dass Roundup® den inerten Stoff Tallowamin (polyethoxylated tallowamine) enthält. Séralinis Team konnte nachweisen, dass das Tallowamin in Roundup® für embryonale Zellen sowie für Zellen des Plazenta- und Nabelschnurgewebes sogar noch giftiger ist als Glyphosat selbst. Nach wie vor weigert sich Monsanto standhaft, neben Glyphosat auch die anderen Inhaltsstoffe von Roundup® bekannt zu geben.

Séralinis Studie zufolge verstärken die inerten Inhaltsstoffe von Roundup® die toxische Wirkung auf menschliche Zellen, selbst bei Konzentrationen, die weit geringer sind als die gemeinhin auf Feldern und in Gärten verwendeten!

Das Saatgut von Monsantos RoundupReady-Sojabohnen und von anderen Feldfrüchten ist gentechnisch so manipuliert, dass es gegen das Herbizid Roundup® resistent ist, während alle anderen Pflanzen davon zerstört werden. Also sind Landwirte, die RoundupReady-Saatgut verwenden, gezwungen, auch das Herbizid Roundup® zu kaufen. Das heißt, die Landwirte sind vollkommen abhängig von Saatgut und Unkrautvernichtungsmittel. Das patentierte gv-Saatgut wurde als clevere Methode angesehen, den Absatz der in der Landwirtschaft eingesetzten Chemikalien wie Roundup® zu fördern. Landwirte müssen sich gegenüber Monsanto vertraglich verpflichten, nur Pflanzenschutzmittel von Monsanto zu verwenden, es sei denn, sie verfügten über eine Sondergenehmigung. Was nämlich in der Werbung, die Monsanto und andere Agribusiness-Konzerne für gentechnisch veränderte Nutzpflanzen als Alternative zu konventionellen Pflanzen betreiben, sorgfältig verschwiegen wird, ist die Tatsache, dass gv-Pflanzen auf der ganzen Welt bis zum heutigen Tag nur in Bezug auf zwei Eigenschaften gentechnisch verändert worden sind: Zunächst einmal müssen sie resistent oder zumindest »tolerant« gegenüber patentierten hochgiftigen Herbiziden sein, die den chemischen Wirkstoff Glyphosat enthalten, zu deren Kauf Monsanto und die anderen Konzerne die Landwirte verpflichten, wenn diese patentiertes gv-Saatgut erwerben. Zum Zweiten ist das gv-Saatgut gentechnisch so verändert, dass es gegen bestimmte Insekten resistent ist. Gehören nicht die Bienen auch zu den Insekten? Entgegen dem in der Werbung der Agribusiness-Konzerne verbreiteten Mythos gibt es weder ein gv-Saatgut, das zu einem größeren Ernteertrag als konventionelles Saatgut führt, noch eines, bei dessen Anbau weniger giftige Herbizide benötigt werden. Letzteres aus dem einfachen Grund, weil damit ja kein Profit zu machen wäre. Die Landwirte sitzen somit in der Falle: Sie müssen nach jeder Ernte bei Monsanto neues Saatgut und das giftige Glyphosat kaufen. Abgesehen davon, dass sich mit dem Auftreten von Roundup®-resistenten Unkräutern eine neue biologische Katastrophe anbahnt, besteht das Problem bei diesem für das Unternehmen so vorteilhaften Arrangement darin, dass sich jetzt gezeigt hat, dass Glyphosat als eine der am stärksten toxischen Substanzen in der Landwirtschaft mit Geburtsfehlern in Verbindung steht. Die EPA betrachtet Roundup® dennoch weiterhin als von »relativ geringer Toxizität und frei von karzinogener (krebserregender) oder teratogener (Missbildungen hervorrufender) Wirkung«. Die US-Regierung verlässt sich beim Erlass von Sicherheitsbestimmungen allein auf die Testergebnisse, die von Monsanto und der Agrobusiness-Industrie selbst herausgegeben werden.

Jetzt hat also dieses internationale Team von Wissenschaftlern aus Großbritannien, Brasilien, den USA und Argentinien unter Leitung von Professor Andrés Carrasco gezeigt: Glyphosat ruft bei Embryos von Fröschen und Hühnern Missbildungen hervor, und zwar bereits in Konzentrationen, die weit unter den beim Versprühen in der Landwirtschaft üblichen und auch weit unter den Werten der zurzeit in der EU zugelassenen Produkte liegen. Den Anstoß zu der Untersuchung der Auswirkung von Glyphosat auf die embryonale Entwicklung durch Carrasco und seine Kollegen hatten Berichte über die hohe Zahl von Geburtsfehlern in landwirtschaftlichen Gebieten in Argentinien gegeben, in denen Monsantos gentechnisch veränderte RoundupReady-(RR-)Sojabohnen angebaut werden. Es handelt sich um große Monokulturen, die regelmäßig aus der Luft besprüht werden. Die RR-Sojabohne ist so verändert, dass sie Roundup® widersteht. Die Landwirte können deshalb das Herbizid reichlich versprühen, während die Ernte heranwächst.

Carrasco stellte seine Forschungsergebnisse bei einer Pressekonferenz mit Vertretern der Bundesregierung am 28.09.2011 vor. Er erklärte: »Die Ergebnisse im Labor passen zu den Missbildungen, die bei Menschen beobachtet werden, die während der Schwangerschaft Glyphosat ausgesetzt waren« (unter www.earthopensource.org, Pressemitteilung vom 4.10.2011).

Erste Berichte über Missbildungen bei Menschen gab es in Argentinien schon Anfang 2002, zwei Jahre nach Beginn des verbreiteten Besprühens von Roundup® und des Anbaus von RR-Sojabohnen. Die Versuchstiere, die Carrasco und seine Gruppe verwendet haben, weisen ähnliche Entwicklungsmechanismen wie Menschen auf. Die Autoren kamen zu dem Schluss, dass die Ergebnisse Anlass zur Sorge über die Nachkommen von Menschen geben, die dem Einsatz von Roundup® auf Feldern ausgesetzt sind. Carrasco weiter: »Die Toxizität von Glyphosat wird zu niedrig eingestuft. In einigen Fällen kann es wie ein starkes Gift wirken.« Anfang Oktober 2012 hat das argentinische Finanzministerium der internationalen Pharmaindustrie einen schweren Schlag versetzt, indem es die Registrierung des amerikanischen Unternehmens Monsanto zurückzog. Dem Saatgut- und Pestizidhersteller und all seinen lokalen Händlern ist es seitdem verboten, in Argentinien genmanipuliertes Saatgut und das dazu »passende« Pestizid Roundup® zu verkaufen. Dem Verbot ging ein Prozess voraus, der die Giftigkeit des Düngemittels nachgewiesen hatte, obwohl seit 2009 die Beweislast eigentlich nicht mehr bei den Geschädigten, sondern beim Hersteller selbst liegt. Dieser Beweis der Unbedenklichkeit ihrer Produkte gelang Monsanto nicht. Die aktuelle Fernsehdokumentation »Raising Resistance« der Argentinierin Sofia Gatica zeigt die Auswirkungen des Einsatzes von Roundup® in betroffenen Gebieten, wo es verstärkt zu Missbildungen an Säuglingen kam und sich die Krebsrate der Bevölkerung vervierzigfacht hatte. Bei 80 % aller Kinder in der Region Cordoba beispielsweise konnten Rückstände des Pestizids nachgewiesen werden. Die Indizienlage war überwältigend. Nach Frankreich und Ungarn ist Argentinien nun das dritte Land, in dem Produkte von Monsanto als gesundheitsschädlich erkannt und konsequent verboten wurden.

Der zulässige Höchstwert in der EU für Rückstände (maximum residue level, MRL) von Glyphosat wurde für Soja 1997 um das 200-fache von 0,1 mg/kg auf 20 mg/kg erhöht, als in Europa mit dem kommerziellen Anbau von RoundupReady-Soja begonnen wurde. Carracso fand Missbildungen bereits bei Embryos, denen 2,03 mg/kg Glyphosat injiziert worden war. Sojabohnen können im Normalfall Glyphosat-Rückstände von bis zu 17 mg/kg enthalten, so Paganelli und Kollegen weiter.

Eine sehr umfangreiche Studie, die die Gefährlichkeit von Glyphosat auch für menschliche Embryonen bestätigt, stammt aus der Feder von Michael Antoniou und Kollegen: »Roundup® and birth defects: Is the public being kept in the dark?« (Roundup® und Geburtsdefekte: Wird die Öffentlichkeit im Dunkeln gehalten?). Die Studie wurde im Jahr 2011 in Earth Open Source veröffentlicht und weist nachdrücklich auf Missbildungen beim Menschen hin. Auf über 40 Seiten wird, untermauert mit über 350 Literaturnachweisen, ausdrücklich vor den negativen Folgen von Glyphosat gewarnt. Ganz am Rande erwähnt, aber nicht unwesentlich: Es gibt ein Glyphosatprodukt namens Roundup® auch für den privaten Hausgarten. Die Auswirkungen für Flora und Fauna sind genauso fatal wie auf mehr oder weniger großen Ackerflächen, vielleicht sogar noch grausamer, weil die exakte Dosierung dieses Mittels für den privaten Hausbesitzer oft schwieriger ist als in der hochtechnisierten Landwirtschaft.

Die gefährliche Toxizität von Roundup® wird vertuscht

In den USA und weltweit ist Glyphosat das meistverwendete Unkrautvernichtungsmittel. Allerdings wird seine gefährliche Toxizität vertuscht.

Gv-Nutzpflanzen und patentiertes Saatgut sind in den 1970er-Jahren mit maßgeblicher finanzieller Unterstützung der Rockefeller-Stiftung hauptsächlich von den Chemiekonzernen Monsanto Company, DuPont und Dow Chemical entwickelt worden. Alle drei Firmen waren in jenen Jahren in die Skandale um die hochgiftigen Chemikalien Agent Orange und Dioxin verwickelt. Damals wurde gelogen, um die gesundheitliche Schädigung der eigenen Angestellten, Zivilisten und Militärangehörigen, die mit den Stoffen in Berührung gekommen waren, zu vertuschen.

Glyphosat und Roundup® werden in einer Broschüre des Biotechnology Institute, in dem für gv-Feldfrüchte als »Unkraut-Krieger« geworben wird, als »weniger giftig als Speisesalz« angepriesen. In den 13 Jahren, in denen jetzt in den USA gv-Pflanzen angebaut werden, ist der Verbrauch von Pflanzenschutzmitteln nicht etwa gesunken, wie von den vier Herstellern von gv-Agrarprodukten versprochen, sondern vielmehr um über 140000 Tonnen gestiegen. Was allein dadurch der Bevölkerung an zusätzlicher Gesundheitsgefährdung aufgebürdet wird, ist nicht zu unterschätzen.

Dessen ungeachtet ist seit der kommerziellen Einführung des gv-Saatguts von Monsanto in den USA die Verwendung von Glyphosat von 1994 bis 2005 um mehr als das 15-fache gestiegen. In den USA werden Jahr für Jahr ca. 45000 Tonnen Glyphosat auf Äckern und in Gärten versprüht, in den letzten 13 Jahren auf über 400 Millionen Hektar. Rick Cole, der Direktor für technische Entwicklung bei Monsanto, soll auf eine entsprechende Frage geantwortet haben, die Probleme seien »in den Griff zu bekommen«. Er riet den Farmern, die Fruchtfolge zu ändern und auf andere von Monsanto hergestellte Pflanzenschutzmittel auszuweichen. Monsanto rät den Landwirten, Glyphosat mit ihren anderen Herbiziden, wie beispielsweise 2,4-D, zu mischen. 2,4-D ist in Schweden, Dänemark und Norwegen verboten, weil es mit Krebs, neurologischer Schädigung und Störung der Reproduktion in Verbindung gebracht wird; es ist auch in dem berüchtigten Agent Orange enthalten, das Monsanto in den 1960er-Jahren für den Einsatz in Vietnam hergestellt hatte.

Konkrete Gefahr: Gentechnisch veränderte Organismen kontaminieren Honig

In diesem Zusammenhang ist es erstaunlich und bemerkenswert zugleich, dass ein Imker, trotz massiver Verhinderungsversuche, gegen Monsanto einen jahrelangen

Rechtsstreit gewinnt. Imker Karl Heinz Bablok war hartnäckig. Im Umfeld seiner Bienen baute die Bayerische Versuchsanstalt für Landwirtschaft 2005 den gentechnisch veränderten Mais MON 810 (von der Firma Monsanto) zu Forschungszwecken an. Bablok befürchtete, dass Pollen von diesen Pflanzen als »Verschmutzung« auch in seinen Honig gelangt sein könnten, den seine Bienen eingetragen haben. Er ließ Proben von seinem Honig untersuchen, und tatsächlich enthielten sie geringe Mengen der befürchteten Pollen. Also durfte er seinen Honig weder verschenken noch verkaufen und musste seine Ernte auf eigene Kosten in einer Müllverbrennungsanlage vernichten lassen. Er verklagte den Freistaat Bayern auf Schadensersatz, bekam aber keinen. Mithilfe des ökologischen Imkerverbandes Mellifera e. V. und anderen Unterstützern gelang es Bablok, den Rechtsstreit bis zum Europäischen Gerichtshof (EuGH) zu führen. Dessen Urteil fiel am 06.09.2011 nach sechs Jahren zu Babloks Gunsten aus, obwohl der Saatgutgigant Monsanto als Prozessbeteiligter versucht hatte, ein solches Urteil zu verhindern.

Laut Urteil unterliegt Honig, sobald er auch nur Spuren von gentechnisch veränderten Organismen enthält, dem europäischen Gentechnikrecht und darf dann

Die fleißige Honigbiene kehrt mit Pollen zum Stock zurück.

nicht mehr ohne ausdrückliche Zulassung in Verkehr gebracht werden. Er muss also vernichtet werden. Bablok konnte damit endlich seinen Schadensersatzanspruch gegen den Freistaat Bayern durchsetzen.

Man sollte glauben, damit sei die Qualität für Honig gerettet. Weit gefehlt:

Die Europäische Kommission hat im September 2012 einen Vorschlag zur Neuregelung der sogenannten »Honigrichtlinie« vorgelegt. Sie will den Status von Pollen im Honig ändern, was Auswirkungen auf die Kennzeichnung des Honigs haben würde. Im letzten Jahr hatte der Europäische Gerichtshof bezüglich der Honigrichtlinie entschieden, die Europäische Gesetzeslage sei in dem Sinne zu interpretieren, dass Pollen in Honig als Zutat anzusehen sei und dass die Vorschriften des Gentechnikrechts auch auf gentechnisch veränderte Pollen in Honig anzuwenden sind. Konkret bedeutet dies, dass Honig nicht verkehrsfähig ist, wenn er Pollen von gentechnisch veränderten Pflanzen enthält, die nicht als Lebensmittel zugelassen sind. Anstatt die Konsequenzen zu ziehen und durch praktikable Abstandsregelungen die Imkerei vor dem Eintrag von GVO zu schützen, will die Kommission

Ein Blick auf eine kleine Pollensammlung: Unterschiedliche Farben deuten auf verschiedene besuchte Pflanzen hin.

nun die Grundlage ändern: Pollen soll nach ihrem Willen nicht mehr Zutat, sondern »natürlicher Bestandteil« sein – bisher nicht verkehrsfähiger Honig könnte so unabhängig von der Menge an gentechnisch verändertem Pollen ungekennzeichnet in den Handel gebracht werden. Das »Bündnis zum Schutz der Bienen vor Agrogentechnik« sowie viele Umwelt- und Verbraucherschutzverbände rufen zum Widerstand gegen die Pläne der EU-Kommission auf (Quelle: Gen-ethischer Informationsdienst GID Nr. 214, Oktober 2012).

Honig gilt in der öffentlichen Wahrnehmung als ein besonders gesundes und naturbelassenes Lebensmittel. Doch die Kontamination von Honig mit Pollen von gentechnisch veränderten Pflanzen ist bei Weitem keine Ausnahme mehr.

Raps ist bekannt für seine hohen Auskreuzungsraten, sowohl was konventionellen Raps als auch wildverwandte Arten betrifft. Tatsächlich dürfte es inzwischen kaum mehr möglich sein, in Ländern, in denen der Anbau von gv-Raps in großem Maßstab stattfindet, Honig ohne gv-Bestandteile zu gewinnen. Kontaminierter Honig hat auf dem europäischen Markt jedoch große Akzeptanzprobleme, denn der Großteil der Verbraucher lehnt Gentechnik in Lebensmitteln ab. Die Firma Langnese, nach eigenen Angaben führender Honigabfüller Deutschlands, bezieht deshalb schon seit Mitte 2002 keinen Honig mehr aus Kanada. Nun wurde die Kontamination eines Honigs aus dem Sortiment der Firma mit gv-Soja nachgewiesen. Es sollte Langnese aber schon aufgrund des Marktanteils mittel- und südamerikanischer Honige schwer fallen, hier entsprechende Schritte zu unternehmen.

In Deutschland werden pro Jahr etwa 90 000 Tonnen Honig verbraucht. 80 % dieses Bedarfs werden durch Importe gedeckt, der Hauptteil stammt aus Mexiko, gefolgt von Argentinien, Uruguay und Chile. Argentinien ist einer der wichtigsten Honigerzeuger und -exporteure weltweit. 2007 stammten 31,1 % des nach Deutschland importierten Honigs aus diesem Land, im vorhergehenden Jahr waren es sogar 37 %. Und spätestens hier kommt auch die Gentechnik ins Spiel: Denn in Argentinien werden flächendeckend gv-Sojabohnen angebaut. Argentinien ist nach den USA und Brasilien drittgrößter Sojaanbauer der Welt, und 99 % der dort gepflanzten Soja ist gentechnisch verändert, so der gid-Bericht 2009 über gv-Pollen im Honig. Dabei handelt es sich um RoundupReady-Soja, entwickelt von Monsanto (s. a. Kapitel 5.2.2).

So überrascht das Ergebnis einer aktuellen Untersuchung der Zeitschrift Öko-Test, Testheft 1/2009, kaum: In Honig aus dem deutschen Einzelhandel wurde Pollen von gentechnisch veränderten Pflanzen gefunden. Fast die Hälfte der Proben war betroffen, dabei handelte es sich hauptsächlich um RoundupReady-Soja in Ware aus Mittel- und Südamerika. Soja ist zwar keine klassische Bienentrachtpflanze, sie ist ein Selbstbefruchter und bildet nur wenig Nektar, aber ihren Pollen nehmen die Bienen offenbar trotzdem gerne mit. Auch in kanadischem Raps-Klee-Honig wurde das von Öko-Test beauftragte Labor fündig: Dieser enthielt Pollen von gv-Raps, auch dies wenig verwunderlich, denn Kanada ist weltweit das Hauptanbauland von gv-Raps. Auf ungefähr 87 % seiner gesamten Rapsanbaufläche wachsen gentechnisch veränderte Raps-Varietäten. Gentechnikfunde in kanadischem Rapshonig haben inzwischen schon Tradition: Bereits im Jahr 1998 berichtete Öko-Test von ersten Funden. Damals waren aber erst drei von neun Proben betroffen. Ein Jahrzehnt später zeigt sich schon ein eindeutigeres Bild: Alle fünf kanadischen Honige, die vom CVUA (Chemisches und Veterinäruntersuchungsamt) Freiburg im Rahmen der Lebensmittelüberwachung der Bundesländer im Jahr 2008 untersucht wurden, enthielten Pollen von gv-Raps – wie übrigens schon die fünf Proben des vorangegangenen Jahres (Jahresbericht 2008 der CVUA Freiburg unter www.ua-bw.de/uploaddoc/cvuafr/fr_jb_2007.pdf).

Honig mit Bestandteilen aus gentechnisch veränderten Organismen muss nach geltender Gesetzeslage nicht gekennzeichnet werden. Zur Orientierung bleiben dem Verbraucher somit noch die Herkunftsangaben auf den Etiketten. Erwirbt man seinen Honig aber nicht direkt bei einem Imker seines Vertrauens oder wählt den Honig des Deutschen Imkerbundes, bleibt man über die Herkunft des Honigs weitgehend im Unklaren. In den Supermarktregalen steht hauptsächlich importierte Ware, bei der der Verbraucher nicht mehr feststellen kann, woher diese eigentlich stammt. Auf den Etiketten findet sich dann ein Hinweis wie »Mischung von Honig aus EG-Ländern«, »Mischung von Honig aus Nicht-EG-Ländern« oder – noch weniger aussagekräftig – »Mischung von Honig aus EG- und Nicht-EG-Ländern«. Denn die Honigverordnung vom 16.01.2004 sieht zwar vor, dass »das Ursprungsland oder die Ursprungsländer, in dem oder denen der Honig erzeugt wurde«, angegeben werden müssen; bei mehr als einem Ursprungsland können aber auch die oben angeführten, wenig hilfreichen Angaben gemacht werden, d. h., niemand kann unmittelbar nachvollziehen, aus welchen Ländern dieser Honig stammt (vgl. Gen-Pollen im Honig, gid 2009).

5.1.3 Illegale Spritzmittel als fatale Gefahrenquelle

Eine niedrige kriminelle Energieschwelle mancher Geschäftemacher und die Preisgestaltung für Spritzmittel und Chemikalien aller Art in EU- und Nicht-EU-Ländern fördern den Markt für illegale Spritzmittel. Die Preise der hier in Rede stehenden Spritzmittel für zugelassene Pflanzenschutzmittel unterscheiden sich in den einzelnen Mitgliedstaaten der EU teilweise erheblich. Sofern sie in anderen Mitgliedstaaten z. B. durch Wechselkursschwankungen günstiger sind als in Deutschland, besteht ein praktisches Bedürfnis seitens Anwender oder Handelsunternehmen, diese Mittel zu erwerben, um sie anschließend in Deutschland in Umlauf zu bringen. Dieser Parallelhandel mit Pflanzenschutzmitteln ist rechtmäßig und von der Europäischen Union im Sinne des freien Warenverkehrs gewünscht.

Der Parallelhandel mit Pflanzenschutzmitteln hat in Deutschland sehr stark zugenommen, wie man Statistiken des Bundesministeriums für Verbraucherschutz und Lebensmittelsicherheit entnehmen kann. So stieg beispielsweise der Anteil von Parallelimporten bei Herbiziden von 9,2 % innerhalb eines Jahres auf 14,4 %. Die Gründe für die Beliebtheit des Parallelhandels in Deutschland liegen in dem hohen Marktpotenzial, das der deutsche Pflanzenschutzmarkt bietet. Auch die preisgünstigen und schnellen Verfahren, eine Importlizenz zu erlangen, sind hier von Bedeutung. Der knapp zwei Seiten umfassende Antrag stellt prinzipiell keine Hürde dar – das Antragsrisiko gilt außerdem als ausgesprochen gering. Der Kostenfaktor von maximal 500 Euro für einen solchen Antrag auf eine Importlizenz sind in Relation zu den Antragskosten für eine nationale Vollzulassung, die bis zu 1,5 Mio. Euro betragen können, sehr gering.

Jedes der parallel importierten Produkte ist mit einer sogenannten PI-Nummer, neuerdings GP-Nummer (Genehmigung Parallelimport) versehen, auf deren Rechtmäßigkeit die Landwirte und Handelshäuser vertrauen. Experten gehen allerdings davon aus, dass es sich bei der überwiegenden Menge dieser Parallelimporte in Deutschland um Fälschungen handelt, die oftmals nicht die Qualität des Referenzmittels aufweisen. So geht aus einer Bayer-internen Untersuchung der Verdachtsfunde der letzten vier Jahre hervor, dass der Großteil von insgesamt 364 untersuchten Produkten zu beanstanden war. Während nur 56 Funde unbeanstandet blieben, war bei den restlichen 80 % der Produkte neben Marken- und Kennzeichnungsverletzungen auch die chemische Zusammensetzung dieser Pflanzenschutzmittel zu bemängeln. Begünstigt wird die Problematik durch die Regelung, die das Umfüllen von Pflanzenschutzmitteln in importeureigene Kanister gestattet. Einige Importeure nutzen diese Rechtsgrundlage aus und vertreiben gefälschte Produkte, indem sie diese in besagte Kanister füllen und als genehmigte Parallelprodukte ausweisen. Der tatsächliche Inhalt des Kanisters oder der Flasche weicht aber sehr häufig vom behördlich genehmigten Inhalt ab: falscher Wirkstoff, zu wenig oder zu viel Wirkstoff, falsche Formulierungsbestandteile oder Wirkstoff-Verunreinigungen außerhalb der Spezifikation. Deswegen geht Bayer CropScience gegen solche Vergehen vor und beschritt bereits über 150-mal den Rechtsweg, nahezu immer erfolgreich. Denn die Gefahren und Risiken, die illegale Pflanzenschutzmittel bergen, sind fatal. Es drohen Gesundheitsrisiken für Verbraucher, Anwender und Umwelt. Hinzu kommt die Gefahr mangelnder Wirkung oder Pflanzenverträglichkeit, da bei Fälschungen bereits Abweichungen der Formulierungsbeistoffe zu anderen biologischen Eigenschaften führen können. Somit ist eine Qualitätssicherung nicht garantiert, da auch die Nachverfolgbarkeit von Inhaltsstoffen unterbrochen wird. Hinzu kommt die Tatsache, dass teilweise längst verbotene Giftstoffe benutzt werden. So teilte die Österreichische Agentur für Gesundheit und Ernährungssicherheit (AGES 06.04.2009) und das Bundesamt für Ernährungssicherheit (BAES), die zuständige Kontrollbehörde, mit, dass auf Basis deutscher Behördenermittlungen ein österreichischer Betrieb im Verdacht stand, am illegalen Handel mit verbotenen Pflanzenschutzmitteln beteiligt gewesen zu sein.

Bei den illegalen Produkten handelte es sich unter anderem um Pestizide mit den Wirkstoffen Atrazin, Hexazinon und Lindan.

Das BAES informierte im April 2009 die Öffentlichkeit: Mitte März 2009 wurde das BAES durch die deutsche Behörde für Wirtschaft und Arbeit in Hamburg über den illegalen europaweiten Handel mit Pflanzenschutzmitteln in Kenntnis gesetzt. Auf einer übermittelten Liste fand sich auch der Name einer österreichischen Firma. Das betroffene Unternehmen wurde umgehend durch Kontrollorgane des BAES im Rahmen einer amtlichen Pflanzenschutzmittelkontrolle überprüft. Die Kontrolle aller Betriebsstandorte der betroffenen Firma ergab, dass die Geschäftstätigkeiten der Firma von Ungarn aus gesteuert bzw. mittlerweile gänzlich nach Ungarn verlegt worden waren.

In Zusammenarbeit mit den deutschen Behörden wurde über Initiative des BAES die ungarische Kontrollbehörde informiert, die weitere Maßnahmen ergriffen hat.

Was sind Atrazin, Hexazinon und Lindan und seit wann sind sie in der EU verboten?

Atrazin ist ein Herbizid. Da der Wirkstoff und seine Abbauprodukte leicht ins Grundwasser gelangen können, darf das Mittel in der EU nicht mehr verwendet werden. Für Pflanzenschutzmittel und ihre relevanten Abbauprodukte gilt generell ein Grenzwert von 0,1 µg/l im Wasser. Dieser Wert ist nicht auf ihre toxikologischen Eigenschaften begründet, sondern ein Vorsorgewert. Seit dem 30.06.2007 ist das Inverkehrbringen und ab dem 31.12.2007 die Verwendung Atrazin-haltiger Pflanzenschutzmittel in der gesamten EU nicht mehr zulässig.

Hexazinon ist ein Herbizid, das in der Forstwirtschaft verwendet wurde. Da kein Hersteller den Wirkstoff notifiziert hat (d. h., den Wirkstoff weiter in Verkehr bringen wollte), wurde er automatisch von der Liste der zugelassenen Wirkstoffe gestrichen. Seit dem 30.06.2007 ist das Inverkehrbringen und seit dem 31.12.2007 die Verwendung Hexazinon-haltiger Pflanzenschutzmittel in der gesamten EU nicht mehr zulässig (vgl. Agrar Magazin Ausgabe 2, 11.01.2013).

Lindan ist ein Insektizid, das aufgrund seiner Giftigkeit für den Menschen (Anwenderschutz ist nicht gewährleistet) und die Umwelt (Risiko für Vögel, Säugetiere, Regenwürmer und Bodenorganismen) nicht mehr verwendet werden darf. Seit dem 21.02.2001 ist das Inverkehrbringen und ab dem 21.02.2002 die Verwendung Lindan-haltiger Pflanzenschutzmittel in der gesamten EU nicht mehr zulässig.

»Über illegale Pflanzenschutzmittel können krebserregende Substanzen in unsere Nahrungskette gelangen«, warnte Professor Martin Göttlicher vom Helmholtz-

Zentrum-München in der Sendung »Alles wissen« des Hessischen Rundfunks am 06.06.2012.

Der Toxikologe hat unter anderem Ethylmethansulfonat (EMS) in Pestizidfälschungen gefunden. »Das ist eine Substanz, die gar nicht drin sein sollte. EMS ist eine erbgutverändernde Substanz«, so Professor Göttlicher. Die Substanz könne Vorstufen zum Krebs auslösen. Besonders gefährdet seien Landarbeiter, die die Stoffe auf dem Feld ausbringen. Problematisch sei es, die Pestizide nachzuweisen, vor allem, wenn man in Lebensmitteln suche.

»Die Kontrollbehörden suchen nach den falschen Sachen«, warnt auch Silke Schwartau von der Verbraucherzentrale Hamburg in der HR-Sendung. »Sie suchen nach den Pestiziden, die in Europa auch zugelassen sind. Es wird nicht nach Dingen gesucht, die man hier gar nicht vermutet. Das war auch beim letzten Dioxinskandal so, und das ist unser großes Problem. Wir müssen wirklich mit allem rechnen und diese kriminelle Energie gezielt aufdecken.«

Laut Europol profitiert das organisierte Verbrechen von einer »außergewöhnlichen Gewinnspanne« in diesem Bereich und von der fehlenden Harmonisierung der Gesetze in den verschiedenen EU-Staaten: »Dies macht es zu einem schnell wachsenden Bereich des organisierten Verbrechens.« Der Handel mit illegalen Pestiziden werde in ganz Europa beobachtet, vor allem aber im Nordosten des Kontinents, erklärte Europol. Mehr als ein Viertel der im Umlauf befindlichen Pflanzenschutzmittel in einigen EU-Staaten stammten vermutlich aus dem illegalen Pestizid-Markt.

Die Kriminellen nutzten für den Handel mit illegalen Pestiziden hoch komplexe Lieferketten, erklärte Europol. Über legale Firmen tarnen sie demnach ihre verbotenen Aktivitäten. Europol empfahl den Regierungen der Mitgliedstaaten, den Pestizidhandel stärker zu überwachen und ihre Gesetze aneinander anzupassen. Am besten sei es, den gesamten Pestizidhandel zu unterbinden. Denn: Viele Bauern wissen oft nicht, welche hochgiftigen Mittel sie auf ihren Feldern verspritzen. Die Pestizidflaschen sind nämlich oft falsch gekennzeichnet. Der Bauer ist also der Meinung, er kauft dieselben, zugelassenen Produkte wie immer, während er in Wirklichkeit gepanschte Mittel erhält. Was da drin ist, ist wenig erforscht. Meist handelt es sich um Stoffe, die in der EU nicht erlaubt sind. Und das Verbot hat einen guten Grund: Sie können Krebs erregen und die Fruchtbarkeit beeinträchtigen.

Die illegalen Produkte werden mehr: Mittlerweile machen sie rund 10 % des Gesamtumsatzes von Pestiziden aus. Friedhelm Schmider, Generaldirektor des europäischen Verbandes der Pflanzenschutzindustrie, kämpft schon seit Jahren gegen die Fälscher: »Das ist ein zunehmend größeres Problem und wachsendes Problem, weil immer mehr illegale Ware auf den Markt kommt. Wir schätzen heute den Marktwert auf rund eine Milliarde und wenn man das alles zusammenführen würde, wäre es die viertgrößte Firma in Europa, die mit diesen Produkten oder Agrarchemikalien handelt«, so Schmider im HR.

Meist kommen die gefälschten Produkte über den Seeweg in die EU. Doch selbst wenn bei der Zollkontrolle festgestellt wird, dass es sich möglicherweise um verbotene Substanzen handelt, muss die Ware freigeben werden – denn die Fälscherbanden behelfen sich mit einem simplen Trick: Die Behälter mit den gefälschten Pestiziden in dem einen Container tragen kein Herstellerlogo. Sie verletzen also kein Markenrecht und dürfen maximal 48 Stunden festgehalten werden. Das reicht nicht aus, um Proben zu nehmen und sie in einem Labor auf illegale Inhaltsstoffe zu testen. Nach zwei Tagen muss die Ware freigegeben werden. Ausgeladen werden darf sie zwar nicht, weiterreisen darf die Ware schon.

In einem anderen Container befinden sich die gefälschten Messbecher und die Etiketten, genau passend zu den Flaschen. Messbecher und Etiketten wiederum verletzen das Markenrecht. Sie dürfen vom Zoll aus dem Verkehr gezogen und vernichtet werden. Das zeigt, dass die Fälscherbanden sehr gut über die absurde Rechtslage in Europa informiert sind. Zollbehörden und Polizei können über diese riesige Gesetzeslücke nur den Kopf schütteln. Doch diejenigen, die diese Lücke eigentlich schließen sollten, halten sich bedeckt. EU-Kommission und Bundesregierung verweisen auf die fehlende Rechtsgrundlage. Der politische Wille, dies zu ändern, fehlt offenbar. Das Argument dafür, nichts am Status quo zu ändern: Pflanzenschutzbehörden konnten bislang keine verbotenen Substanzen feststellen – weder auf den Feldern, noch in unserem Essen.

5.1.4 Zum Deutschen Bienenmonitoring

Wie die halbherzige, wankelmütige Vorgehensweise vieler Behörden in Bezug auf Nichtzulassung giftiger Spritzmittel, so stellt auch das Deutsche Bienenmonitoring keine Glanzleistung im Sinne der und für die Bienen dar. Tomas Brückmann meldete sich mit einem kritischen Bericht zum Bienenmonitoring im Jahr 2012: »Stirbt die Biene, hat der Mensch noch vier Jahre zu leben. Keine Bienen mehr, keine Bestäubung mehr, keine Pflanzen mehr, kein Tier mehr, kein Mensch mehr …« Mit diesem Zitat – es wird fälschlicherweise Albert Einstein zugeschrieben und trifft in dieser extremen Formulierung auch nicht zu – versucht eine Publikation noch aus dem Hause der Bundesverbraucherschutzministerin Ilse Aigner auf die Bedeutung der Honigbiene aufmerksam zu machen und zugleich in das weltweite Phänomen des Bienenvolksterbens einzuführen (vgl. BMELV: Bienen – Unverzichtbar für Natur und Erzeugung. Berlin 2011).

Konkreter als Frau Aigner wird die deutsche Übersetzung eines Artikels (vgl. Genersch et al. 2010) der am Bienenmonitoring beteiligten Bieneninstitute: Der Westlichen Honigbiene, *Apis mellifera*, schreibt man eine enorme Bedeutung für die Bestäubung vieler Nutzpflanzen zu. 80 % aller europäischen Nutzpflanzen sollen zumindest in einem gewissen Maß auf die Bestäubung angewiesen sein und zu

90 % sei die von Imkern gehaltene Honigbiene für die kommerzielle Bestäubung verantwortlich. Die deutschen Bienenforscher sehen den Bestand der Honigbiene vor allem durch parasitische Milben, Pilze, Bakterien, Viren und den Kleinen Beutenkäfer (*Aethina tumida*) gefährdet.

Das Deutsche Bienenmonitoring-Projekt (DeBiMo) wurde im Herbst 2004 als Reaktion auf die besonders hohen Verluste im Winter 2002/2003 ins Leben gerufen. Ziel des Vorhabens war und ist es, Faktoren zu identifizieren, welche für die zunehmenden Bienenvölkerverluste im Winter verantwortlich sind. Zu diesem Zweck wurden seit 2004 über 1 200 Bienenvölker aus rund 120 Bienenstöcken (zehn Völker je Bienenstand) regelmäßig beobachtet. In der Bundesrepublik gehen jedoch circa 85 000 Imker ihrer Tätigkeit nach. Mit der Auswahl von 120 Monitoring-Imkern wurden der Repräsentanz des DeBiMo insofern enge Grenzen gesetzt.

Das DeBiMo sammelte Daten zum Gesundheitszustand, zu einem möglichen *Varroa*-Befall sowie zu viralen, bakteriellen und pilzartigen Erregern. Ebenso wurden Daten zum imkerlichen Management (Ertrag, Volkstärke etc.) und zur internen Betriebsweise (Standort, Trachtverhältnisse etc.) erhoben (vgl. BMELV 2011). Auf der Basis dieser Untersuchungen konnten mehr als 4 000 Datensätze aus den Jahren 2004 bis 2008 ausgewertet werden. Ebenso wurde das Völkersterben erfasst und die entsprechenden Zusammenhänge dargestellt.

Ein Streitfall in der Öffentlichkeit ist die Finanzierung des DeBiMo. Seit dem Jahr 2010 wird das Deutsche Bienenmonitoring jährlich mit 400 000 Euro vom Bundeslandwirtschaftsministerium (BMELV) getragen. Das entspricht dem Anteil, der in den Jahren zuvor vom Industrieverband Agrar (IVA) übernommen wurde, in dem die Pestizidhersteller organisiert sind. Den zweiten Teil der Finanzierung tragen von Beginn an mit 400 000 Euro die Bieneninstitute der Bundesländer.

Im Januar 2011 traten die Naturwissenschaftler Dr. Peter P. Hoppe und Dr. Anton Safer an den Bund für Umwelt und Naturschutz Deutschland (BUND) und den Naturschutzbund Deutschland (NABU) heran und stellten ihnen ihre Analyse der DeBiMo-Studie vor: »Das Deutsche Bienenmonitoring: Anspruch und Wirklichkeit. Eine kritische Bewertung« (Hoppe & Safer 2011). Im gleichen Monat wandten sich daraufhin BUND und NABU zusammen mit den beiden Autoren in einer Presseinformation an die Öffentlichkeit und machten damit die Kritikpunkte publik. In ihrer Ausarbeitung stellen die Autoren zahlreiche aktuelle Aussagen des DeBiMo in Frage. Sie beziehen sich auf die wissenschaftliche Publikation zu den Ergebnissen des Bienenmonitorings vom Herbst 2004 bis zum Frühling 2008 (vgl. ebd.). Diese ist bisher nur in englischer Sprache publiziert worden.

Die Wissenschaftler kritisieren am DeBiMo im Wesentlichen Folgendes:

- Der Projektbeirat, der das Bienenmonitoring während des Untersuchungszeitraums steuerte, besteht zu 50 % aus Vertretern der Pestizidindustrie. Damit ist die Unabhängigkeit der DeBiMo-Autoren nicht gegeben.

- Wichtige wissenschaftliche Publikationen zu den Ursachen des Bienenvolksterbens wurden in der Publikation des Deutschen Bienenmonitorings (vgl. ebd.) weder berücksichtigt noch erwähnt.
- Die Repräsentativität der gewonnenen Daten für die Bienenhaltung in Deutschland wird hinterfragt. Das Bienenmonitoring ist zu stark auf die Varroamilbe als Ursache für die Wintermortalität fixiert.
- Ursachen für Sommerverluste werden vollkommen unzureichend betrachtet. Mögliche Wirkungen von Pestiziden auf das Bienenvolksterben wurden ebenfalls völlig unzureichend untersucht.
- Weiterhin üben die Autoren Methodenkritik am Bienenmonitoring. Sie beschreiben Pannen bei der Dateneingabe und -übermittlung und hinterfragen die verwendeten statistischen Methoden (vgl. ebd.).

Nachfolgend soll auf die wesentlichen Kritikpunkte beim Deutschen Bienenmonitoring, die auch von den Umweltverbänden aufgegriffen wurden, detaillierter eingegangen werden.

a) Die Pestizidindustrie kontrolliert sich selbst

Das Deutsche Bienenmonitoring sei nicht unabhängig. Das ist ein Vorwurf, den sich das Konstrukt des DeBiMo gefallen lassen muss. Vier Unternehmen der chemischen Industrie (BASF, Bayer CropScience, Bayer HealthCare und Syngenta) saßen in dem neunköpfigen Projektbeirat, der das DeBiMo steuerte. Hinzu kommt noch der Bauernverband (DBV), der den Unternehmen der Agrochemie sehr nahe steht. Bis Ende 2009, also im vollständigen Berichtszeitraum, finanzierten die Unternehmen über den Industrieverband Agrar (IVA) 50 % der Kosten des Bienenmonitorings. Man muss sich die Frage stellen, wie groß das Interesse der Pestizidhersteller ist, potenziell schädliche Wirkungen der von ihnen hergestellten Agrochemikalien auf Bienen öffentlich untersuchen zu lassen.

b) Unangenehme Forschungsergebnisse aus dem Ausland bleiben unberücksichtigt

In Frankreich vermuteten Bienenhalter das Beizmittel Gaucho® als Ursache für das Bienenvölkersterben. Dieses enthält das Neonicotinoid Imidacloprid. Daraufhin beauftragte der französische Landwirtschaftsminister ein Comité Scientifique et Technique (Wissenschaftliches und Technisches Komitee) aus unabhängigen Wissenschaftlern am Nationalen Zentrum für wissenschaftliche Forschung (CNRS) mit einer multifaktoriellen Untersuchung. Das daraus resultierende CST-Gutachten (vgl. Doucet-Personeni 2003) ist nach Meinung von Hoppe & Safer (2011) die bis heute gründlichste und umfassendste Untersuchung des Zusammenhangs zwischen einem Neonicotinoid und dem Bienenvolksterben. Imidacloprid wird von den französischen Forschern als Bedrohung für die gesamte Bienenkolonie bezeichnet. Subletale Dosen des Pestizids erhöhen die Empfindlichkeit der Biene gegenüber Parasiten und Krankheitserregern. In Frankreich wurde die Verwendung von Imidacloprid zur Beizung von Sonnenblumen- und Maissaat 1999 ausgesetzt. Diese Studie mit klaren Aussagen des Zusammenhangs zwischen Bienenvolksterben und dem Einsatz von Neonicotinoiden wird von den Autoren des Deutschen Bienenmonitorings weder erwähnt noch berücksichtigt.

c) Methodik mit vielen Schwächen

Das DeBiMo integrierte 120 Imker aus der gesamten Bundesrepublik in sein Monitoring. Diese wurden aber nicht nach dem Zufallsprinzip (wie üblich bei wissenschaftlichen Untersuchungen), sondern nach Kriterien der Zuverlässigkeit ausgewählt. Die Mehrzahl der Imkereien hatte in der Vergangenheit mit den Bieneninstituten in einem Varroa-Resistenz-Projekt zusammengearbeitet. Deshalb kann diese Positivauswahl an Imkern nicht als repräsentativ für die deutsche Imkerschaft angesehen werden.

Hoppe & Safer (2011) kritisieren die geringe Gesamtstichprobe, mit der das DeBiMo arbeitet. Lediglich 0,15 % der Bienenhalter und nur 0,5 % der Bienenvölker wurden in die Untersuchungen einbezogen. Ebenso hart klingt die Kritik an den ausgewählten Monitoringgebieten. Diese sind ebenfalls nicht repräsentativ für die verschiedenen regionalen Bedingungen der Bundesrepublik. Waldreiche und bergige Gebiete wurden vom DeBiMo bevorzugt ausgewählt. Flachlandregionen mit großen Agrarflächen und hohem Anteil an Rapsanbau in Niedersachsen, Sachsen, Mecklenburg-Vorpommern und Nordbayern fehlen dagegen. Und die Bundesländer Schleswig-Holstein und das Saarland fallen ganz aus dem Monitoringraster heraus.

d) Einseitige Beschuldigung der Varroamilbe

Es besteht der begründete Verdacht, dass sich die Autoren der DeBiMo-Veröffentlichung im Vorfeld auf die Varroamilbe festgelegt haben. Obwohl eine Monitoringstudie grundsätzlich keine Aussagen über ursächliche Zusammenhänge erlaubt, sondern bestenfalls bestimmte Korrelationen aufdeckt, lautet die Schlussfolgerung des Deutschen Bienenmonitorings apodiktisch: »Basierend auf diesen Ergebnissen darf man mit Sicherheit behaupten, dass *Varroa destructor* der dominante Killer von Honigbienen im Winter ist« (Hoppe & Safer 2011, S. 6). Eine kritische Diskussion wie auch eine Fehlerbetrachtung fehlen in der Publikation.

Zur Untermauerung der »Schuldzuschreibung« bedient man sich zweier Veröffentlichungen aus den USA und Polen. Aber genau diese liefern keine exakten Beweise für die Annahme, dass die Varroamilbe die Hauptursache der Winterverluste ist.

Durch die zu frühe Fixierung auf die Varroamilbe versäumen es die Autoren, die

Ursachen eines Milbenbefalls durch ein geschwächtes Immunsystem zu untersuchen und später zu diskutieren. Deshalb gehen Hoppe und Safer mit den DeBiMo-Autoren hart ins Gericht: Die Schlussfolgerung, *Varroa* sei die Hauptursache des Bienensterbens, sei »wissenschaftlich unhaltbar und bewusst irreführend« (ebd.).

e) DeBiMo ungeeignet zur Pestiziderfassung

Die umfassendste Kritik, welche die Umweltverbände am Bienenmonitoring äußern, bezieht sich auf die Aussage zum Einfluss der Pestizide auf das Bienenvolksterben. NABU und BUND vertreten die Meinung, dass das Bienenmonitoring in seiner jetzigen Ausrichtung nicht in der Lage ist, valide Aussagen zum Einfluss von Pestiziden auf die Bienengesundheit zu treffen.

Sämtliche Untersuchungsaspekte innerhalb des DeBiMo, die sich auf Pestizide bezogen (Probenahmen, Analytik, Interpretation), lagen in Verantwortung einer industrielastigen DeBiMo-Arbeitsgruppe Pflanzenschutzstoffe innerhalb des Projektrats, wie unter Punkt a) erwähnt. In den beiden ersten Jahren wurden die Pestizidanalysen sogar in den Laboren von Bayer CropScience durchgeführt. Von einer unabhängigen Bearbeitung zu sprechen, wäre daher weit verfehlt.

Die DeBiMo-Publikation (vgl. ebd.) macht völlig unzureichende Angaben zur Methodik der Pestizidanalyse. So ist nicht nachvollziehbar, welche Stoffe mit welcher Messgenauigkeit analysiert wurden. In jedem Fall ist die Anzahl der Pestizidproben, die vom DeBiMo untersucht wurden, viel zu gering, um von einer Repräsentativität des Monitorings zu sprechen.

Auch Bienenbrot wurde vom DeBiMo auf Rückstände untersucht. Jedoch fehlt dabei die Angabe der absoluten Konzentrationen der nachgewiesenen Pestizide, obwohl diese nach Informationen von der Landwirtschaftlichen Untersuchungs- und Forschungsanstalt (LUFA) Speyer geliefert wurden. Stattdessen wird in der Publikation nur angegeben, wie viele Pestizidkonzentrationen oberhalb und unterhalb der Nachweisgrenze liegen. Es scheint, dass Ergebnisse bewusst »vernebelt« werden.

Die Autoren gehen in ihren Untersuchungen fast ausschließlich auf einzelne Pestizide ein. Synergistische Effekte, wie sie beim gleichzeitigen Einsatz von zwei oder mehreren Pestiziden auftreten können, werden nicht diskutiert. Ebenso versäumen sie es, subletale Effekte (längere Einwirkung niedriger Dosen) zu thematisieren.

Die Fördergemeinschaft Nachhaltige Landwirtschaft (FNL; vgl. http://fnl.de/fnl/organisation, URL besucht am 30. September 2011), ein Zusammenschluss der Agrarindustrie und landwirtschaftlicher Lobbyverbände unter Vorsitz des Bauernverbandes, übersetzte als erste die Ergebnisse der in englischer Sprache geschriebenen Monitoringveröffentlichung. Das geschah unmittelbar nach der Kritik von NABU und BUND am Bienenmonitoring auf Basis der Ausarbeitungen von Hoppe & Safer (2011). Die FNL ließ es sich dabei nicht nehmen, Entwarnung für die Pestizide zu geben. Ungeachtet erdrückender Beweise in der Fachliteratur, dass Pestizide eine wesentliche Ursache am Bienenvolksterben darstellen, nutzte die FNL die mediale Öffentlichkeit, um Pestizide freizusprechen (vgl. ebd.).

Dass es für einen solchen »Persilschein« für Pestizide keinen Grund gibt, zeigte sich im Frühjahr 2008, als sich in der Bundesrepublik ein Bienenvolksterben von bisher nie dagewesener Dimension ereignete (vgl. BUND 2010). Der Einsatz des Insektizids Clothianidin aus der Gruppe der Neonicotinoide bewirkte in der Region Oberrhein in Baden-Württemberg den Tod oder die schwere Schädigung von ca. 12 000 Bienenvölkern. Zeitgleich verschwanden in den betroffenen Regionen Wildbienen, Schmetterlinge und andere Nutzinsekten. Daraufhin wurde Clothianidin 2008 verboten, jedoch durfte es ab 2010 wieder verwendet werden.

Aktuelle wissenschaftliche Untersuchungen (vgl. ebd.) zeigen, dass Neonicotinoide wie das Clothianidin viel stärkere Auswirkungen auf die Umwelt haben, als vorher angenommen wurde:

Sie sind langlebig, reichern sich im Boden an und können von Pflanzen und Tieren wieder aufgenommen werden. So ist es möglich, dass Anteile in die Nahrungskette eingebracht werden und sie schädigen. Viele Pflanzen, so auch junger Mais, können an den Blatträndern überschüssiges Wasser abscheiden. Diesen Vorgang nennt man Guttation. In Maispflanzen aus Saatgut, das mit Clothianidin gebeizt wurde, ließen sich die Pestizide im Guttationswasser nachweisen, wie bereits weiter vorne erwähnt wurde. Bienen, die Wasser aufnahmen, starben innerhalb einer Minute.

Neonicotinoide wirken nicht nur auf Bienen, sondern auch auf andere sogenannte »Nichtzielorganismen«. Vögel und andere Tiere, die von diesen leben, leiden dann unter Nahrungsmangel.

Die Belastung mit Neonicotinoiden trifft Bienen mit besonderer Härte, da sie auch von anderen Seiten bedroht werden: neben der Varroamilbe auch von der zunehmenden Blütenarmut in der industrialisierten Agrarlandschaft, verursacht durch Monokulturen und fehlende Ackerrandstreifen.

Die Produktzulassung für Pestizide liegt in der EU bei den zuständigen Behörden der einzelnen Mitgliedstaaten. In der Bundesrepublik ist das Bundesamt für Verbraucherschutz und Lebensmittelsicherheit (BVL) für die Zulassung zuständig. Das BVL genehmigte auch das Mittel Poncho® mit dem Wirkstoff Clothianidin, das in Baden-Württemberg Bienenvölker eines ganzen Landstriches tötete oder stark schädigte. Die oberste Zulassungsbehörde bescheinigte dem Wirkstoff keine negativen Auswirkungen auf Mortalität, Volks-, Brutentwicklung, Flugintensität, Verhalten und Orientierungsvermögen.

Das noch immer andauernde Bienenvolksterben belegt, dass die für die Zulassung durchgeführten Tests nicht ausreichend waren. So wurden erhebliche Mängel im

Versuchsaufbau festgestellt. Ebenso ist nachgewiesen worden, dass man den Versuchen unkorrekte Halbwertszeiten zugrunde legte (vgl. ebd.).

Der BUND erneuert daher seine Forderung, die Zulassungsverfahren für Pflanzenschutzmittel, insbesondere für die systemisch wirksamen Neonicotinoide, schnellstens zu aktualisieren. Die Versuchsbedingungen der Zulassungsprüfung müssen die realen Verhältnisse in der Agrarlandschaft widerspiegeln. Diese ist in der Regel von Monokulturen und Artenarmut geprägt und Pestizide werden mehrfach innerhalb eines Jahres in den verschiedensten Kombinationen auf den gleichen Standort ausgebracht. Kombinationswirkungen wie auch subletale Effekte sind zu erwarten und müssen unbedingt ins Kalkül gezogen werden. Ebenso muss im Versuchsaufbau berücksichtigt werden, dass die in der industriellen Agrarlandschaft verbliebenen Arten aufgrund chronischen Nahrungsmangels hohem Stress ausgesetzt sind. Der macht sich in mangelnder Fitness bemerkbar, wodurch die Anfälligkeit gegenüber Pestiziden wiederum erhöht wird.

Die Umweltverbände sind durchaus interessiert an einem verbesserten Bienenmonitoring, das hilft, den wirklichen Ursachen des massiven Bienenverlustes auf den Grund zu gehen.

Folgerungen: Das Deutsche Bienenmonitoring weist erhebliche methodische Mängel auf und wird seinem Anspruch nicht gerecht, eine eindeutige Ursachenanalyse für das Bienenvolksterben in Deutschland zu liefern. Vor allem lässt sich aus dieser Beobachtungsstudie nach wissenschaftlichen Maßstäben kein Freispruch für die Pestizide ableiten.

Die Zulassungsverfahren für Pflanzenschutzmittel, insbesondere für die systemisch wirksamen Neonicotinoide, sind schnellstens zu aktualisieren. Grundsätzlich müssen der Einsatz von Pestiziden deutlich gesenkt und die Landwirtschaft wieder vielfältiger werden, um die Lebensbedingungen für die Bienenvölker zu verbessern. Das Monitoring muss die wahren Hintergründe des Bienenvolksterbens erkennen und gegen sie vorgehen. Dazu gehört jedoch eine vorbehaltlose Untersuchung der Pestizide als potenzielle Mitverursacher des ungeklärten Phänomens des Bienenvolksterbens. Im September 2011 erfolgte deshalb seitens des BUND eine Anfrage bei der Koordination des DeBiMo nach den Änderungen, die aufgrund der erfolgten Kritiken vorgenommen wurden.

Der DeBiMo-Koordinator Peter Rosenkranz teilte dem BUND daraufhin mit, dass sich am Bienenmonitoring nichts Grundsätzliches ändern werde. Die wichtigsten, bereits erfolgten Veränderungen seien die Finanzierung, die jetzt nur noch über öffentliche Gelder (Bund, Länder) erfolge, und die erhöhten Rückstandsuntersuchungen. Der Projektkoordinator wies außerdem nochmals auf die Grenzen für die Probennahmen bezüglich ihrer Repräsentativität hin. Ebenso machte er klar, dass Aussagen zu den subletalen und synergistischen Effekten von Pestiziden mit einem DeBiMo der aktuellen Prägung nicht möglich seien.

Der BUND kann sich mit dieser Antwort nicht zufrieden geben und setzt sich weiterhin für ein methodisch verbessertes Bienenmonitoring ein. Vor allem muss das Monitoring um kontrollierte Versuche mit Pestiziden erweitert werden, um deren Effekte auf Bienen und Bienenbrut eindeutig zu klären. Damit würde die reine Beobachtungsstudie DeBiMo aufgewertet und die Möglichkeit eröffnet, die ursächliche Rolle der Pestizide zu klären.

Die hier genannten Einwände und Kritikpunkte werden auch von HOPPE & SAFER (2011) in vollem Umfang geteilt.

Wie schon an anderer Stelle erwähnt, wünscht man sich als interessierte Leserin, interessierter Leser, am Schluss einer Stellungnahme etwas mehr über Sponsoren, Auftraggeber, Fragestellungen, Studiendesigns, statistische Methoden, Auswertung, Einflussnahme auf die Art und Weise der Veröffentlichung und eventuelle Einflussnahmen seitens der Auftraggeber bzw. möglicher Interessenkonflikte der Autoren zu erfahren. HOPPE & SAFER (2011) schreiben:

»Interessenkonflikte:

Beide Autoren haben keine Interessenkonflikte. Die Arbeit steht in keinem Zusammenhang mit den dienstlichen Aufgaben von ANTON SAFER an der Universität Heidelberg.

Finanzielle Unterstützung:

Die Arbeit entstand ohne finanzielle Unterstützung Dritter.

Die Weitergabe der Arbeit in vollständiger Form ist erwünscht.«

Was allerdings grundsätzlich bei allen Studien, Untersuchungen und Stellungnahmen auffällt: Niemand ist bislang auf die Idee gekommen, mögliche Kumulationen von Schadstoffen in ein und demselben Organismus zu untersuchen. Könnte es nicht sein, dass die Anhäufung verschiedener Chemikalien sich in ihrer Wirkung noch verstärkt und noch tiefgreifendere negative Auswirkungen hat als die Einzelpräparate?

5.1.5 Und was tut die Bundesregierung?

Die gesamte Problematik des Bienensterbens wird in einer Kleinen Anfrage vornehmlich von Abgeordneten der Fraktion Bündnis 90/Die Grünen unter der Drucksache des Deutschen Bundestages Nr. 17/10016 vom 14.06.2012 zusammengefasst: »Neuere Erkenntnisse zu und Neubewertung von Gefahren durch Neonicotinoide und weitere Pestizide für Bienen und andere Insekten«. In der Antwort der Bundesregierung unter Drucksache Nr. 17/10218 vom 02.07.2012 gibt die Regierung einen negativen Einfluss von Pestiziden und sonstigen chemischen Spritzmitteln zu, wenn auch an verschiedenen Stellen auf weiteren Forschungsbedarf verwiesen wird. Im Jahr 2012 waren unter anderem die Wirkstoffe Clothianidin, Thiamethoxam, Fipronil, Streptomycin und Spinosad von insgesamt 24 Spritzmitteln offiziell in Deutschland zugelassen (vgl. Drucksache 17/10218, Anlage 1, S. 20 f.) Laut Agrarstatistik wurden im Jahr 2006 652 Tonnen, 2007 1 656 Tonnen, 2008 1 688 Tonnen, 2009 1 680 Tonnen und 2010 1 258 Tonnen neonicotinoidhaltige Pflanzenschutzmittel in Deutschland ausgebracht (vgl. ebd., S. 3).

5.2 Gentechnik

5.2.1 gv-Raps und die Problematik der GVO

Einen weiteren beachtenswerten Fakt zu den möglichen Ursachen des Bienensterbens sehen viele Forscher in der Gentechnik. Heute werden vor allem Raps, Sojabohnen, Mais und Baumwolle als gentechnisch veränderte Organismen (GVO) angeboten und auf riesigen Flächen angebaut. Aber auch Weizen wird auf teilweise geheim gehaltenen Anbauflächen in verschiedenen Ländern der Erde angebaut.

Wird gentechnisch veränderter Raps (gv-Raps) großflächig ausgesät, dann wachsen solche Pflanzen auch außerhalb der landwirtschaftlichen Flächen. Nach einer in dem Online-Magazin PLOS ONE veröffentlichten Untersuchung von Schäfer et al. (2011) sind rund 80 % der an Straßenrändern und Tankstellen gefundenen Rapspflanzen in North Dakota (USA) gentechnisch verändert. Die Wissenschaftler warnen darin, dass dieser Raps in der Landwirtschaft zu einem Unkrautproblem werden könnte. Überraschend ist das eigentlich nicht: Wo Raps angebaut wird, sind am Straßenrand oft Rapspflanzen zu beobachten.

In den USA und Kanada werden inzwischen auf über 90 % der Rapsfelder gv-Pflanzen angebaut. M. G. Schafer und Kollegen unter Leitung von Cynthia Sagers (Universität von Arkansas, Fayetteville, USA) haben zum ersten Mal gezeigt, wie weit sich dieser Raps außerhalb der Felder in der Umwelt verbreitet hat. Entlang von Landstraßen und Autobahnen sammelten die Wissenschaftler im Juni und Juli 2010 auf einer Strecke von etwa 5 600 km stichprobenartig Rapspflanzen ein und untersuchten sie.

Das Ergebnis, so Forschungsleiterin Sagers, sei überraschend: Rund 80 % der 231 untersuchten Pflanzen waren gentechnisch verändert. Sagers hob hervor, dass diese gv-Rapspflanzen weit entfernt von Rapsanbaugebieten wuchsen. Bei anderen Untersuchungen in Kanada und Großbritannien wurde wild wachsender gv-Raps immer nur in der Nähe der eigentlichen Anbauflächen gefunden.

Sagers kritisierte den Umgang mit gv-Pflanzen in den USA. Die Anbauauflagen reichten nicht aus, um die Verbreitung dieser Pflanzen zu verhindern. Außerdem fehlten geeignete Maßnahmen zur Umweltbeobachtung.

Die gefundenen gv-Pflanzen enthielten ein Resistenzgen gegen Herbizide mit dem Wirkstoff Glyphosat oder Glufosinat, zwei Pflanzen sogar beide Herbizidresistenzgene. Das, so die Studie, könnte ein Hinweis sein, dass der gv-Raps schon seit mehreren Generationen an diesen Stellen wachse. Rapspflanzen mit den unterschiedlichen Herbizidresistenzgenen könnten sich miteinander gekreuzt haben. Auch eine Übertragung dieser Gene auf verwandte Wildpflanzen sei möglich. Die Wissenschaftler befürchten, dass die unkontrollierte Verbreitung von gv-Raps mit einer doppelten Herbizidresistenz zu einem Problem für Landwirte werden könnte. Beim Anbau von anderen Kulturpflanzen könne dieser Raps auf den Feldern ein widerspenstiges Unkraut werden, da er gleich mit zwei der derzeit weit verbreiteten Herbizide nicht mehr bekämpft werden könnte.

Bei Monsanto, einem der Hersteller von gv-Raps, sieht man die Situation weniger dramatisch. Tom Nickson, Leiter für Umweltangelegenheiten bei dem Unternehmen, erklärt die hohe Verbreitung von gv-Raps an den Straßenrändern mit den Erntetransporten entlang dieser Strecken. Da Samen von den vorbeifahrenden Lkw herunterfallen, habe sich Raps hier auch schon vor Einführung von gv-Varianten angesiedelt. Zudem sei das Vorkommen von wild wachsenden Rapspflanzen auf bestimmte Bereiche wie Straßenränder und feldnahe Flächen begrenzt. Diese Rapspopulationen ließen sich durch Mähen oder mit anderen Herbiziden kontrollieren.

Londo und Kollegen, wiederum unter wissenschaftlicher Leitung von C. Sagers, belegen außerdem im gleichen Jahr, dass gv-Raps die natürlichen Bestände großflächig verseucht. Demnach stellten die Wissenschaftler fest, dass es in den USA inzwischen kaum noch natürlich gewachsenen Raps gibt. Vielmehr hätten Kreuzungen aus genmanipuliertem Raps und natürlichem stattgefunden. Das Ergebnis: Eine dritte, in ihren Genen künstlich veränderte Variante bildete sich heraus. Sämtliche von Londo und Sagers in einem Versuch angebauten natürlichen Sorten hätten diesen Prozess durchlaufen, hieß es. Betroffen ist ein 5 400 km² großes Gebiet in Dakota, in dem Herbizide der Firma Monsanto eingesetzt worden waren. Die Pflanzenschutzmittel, so die Forscher um C. Sagers, hätten die Fähigkeit zur genetischen Veränderung von Raps. Während ihrer Studie bemerkte das Team der Ökologin einen eklatanten Mangel an Überwachungsmechanismen bezüglich genveränderter Pflanzen. Ob Druck seitens der Industrie oder reine Interessenlosigkeit im Bereich der Politik dafür verantwortlich sind, ließ die Naturwissenschaftlerin offen.

Immer wieder wird behauptet, gv-Pflanzen seien ungefährlich und deren Erbgut könne nicht auf andere Organismen übertragen werden. Im Darmtrakt von

Bienen konnte dagegen nachgewiesen werden, dass Antibiotikaresistenzgene der Rapspflanze (dort als Markergene eingebaut) durch horizontalen Gentransfer (so bezeichnet man die Übertragung von Genen außerhalb der geschlechtlichen Fortpflanzung und über Artgrenzen hinweg) in die DNA der Darmmikroorganismen gelangten (vgl. Kaatz 2000).

Professor Hans-Hinrich Kaatz vom Institut für Bienenforschung an der Universität Jena experimentierte drei Jahre lang über die Auswirkungen von genmanipuliertem Rapssamen auf Honigbienen und fand Gentransfer auf Bakterien und Pilze im Verdauungstrakt der Bienen.

Die modifizierten Rapsgene überspringen nicht nur die Artgrenzen von Pflanzen, sondern werden sogar von völlig andersartigen Organismen in deren eigene Erbmasse eingebaut. Das Genom von Pflanzen und Bakterien ist so unterschiedlich, dass eine Übertragung von Genen bisher als nicht wahrscheinlich angesehen wurde. Insbesondere die Befürworter der Gentechnik schlossen eine Übertragung aus und verwiesen auf umfangreiche Studien.

Kaatz konnte nun entgegen allen Verharmlosungen von Industrie und Politik den Beweis für die Genübertragung liefern, und das mit einem simplen Versuchsaufbau: Auf einem Feld brachte er seine Bienenvölker in Zelten unter. Um in ihren Stock zu gelangen, müssen die Bienen die Löcher einer sogenannten Pollenfalle passieren. Die an den Hinterbeinen hängenden Rapspollen werden dabei abgestreift und aufgefangen. Die so gewonnenen Rapspollen werden an Jungbienen verfüttert. Später wird der Darmtrakt dieser Bienen untersucht. Die Mikroorganismen aus dem Darm werden isoliert und vermehrt. Die DNA der Mikroorganismen wird anschließend durch Elektrophorese analysiert: In dem Elektrophorese-Bad wandert die DNA je nach Zusammensetzung mit unterschiedlicher Geschwindigkeit. Es entstehen sogenannte DNA-Banden auf der Elektrophorese-Platte. Anhand der Banden kann man die DNA der Organismen identifizieren. Unter ultraviolettem Licht werden die DNA-Banden sichtbar, die Abschnitte mit den Rapsgenen sind deutlich erkennbar. So stellte Professor Kaatz fest, dass die Mikroorganismen im Darmtrakt der Bienen manipulierte DNA der Rapspflanzen in ihre eigene DNA eingebaut hatten.

Diese für diesen Zeitpunkt erschreckenden Erkenntnisse wollte Kaatz nicht publizieren, sie wurden aber dennoch in der Öffentlichkeit bekannt: »Effects of gm-rape on honey-bee« (unveröffentlichtes Manuskript). Zitiert werden die Studienergebnisse bei A. Barnett, The Observer, 28.05.2000, mit dem Titel: »GM genes jump species barrier« sowie »GM genes can spread to people and animals«. Außerdem geht Dr. Ho, London, in ihrem Artikel darauf ausführlich ein (unter www.gmo-safety/scienceinsociety).

Zwei Jahre zuvor (1998) wurde eine nicht so brisante Studie zur Genübertragung unter der Federführung von Kaatz durch Reiche und Kollegen veröffentlicht. Wie eine Epidemie könne sich der künstliche Raps inzwischen rund um den Erdball verbreiten, warnen die Forscher. Immerhin würden bereits in ganz Westkanada, den USA und Australien genetisch veränderte Rapssorten angebaut und exportiert.

In den USA begann 1977 der kommerzielle Anbau von gv-Nutzpflanzen, vor allem von Raps, Sojabohnen, Mais und Baumwolle. Heute wachsen auf 85–91 % (teilweise bis 99 %) der insgesamt knapp 70 Millionen Hektar Anbauflächen für Raps, Sojabohnen, Mais und Baumwolle gentechnisch veränderte Pflanzen. Von 1997 bis heute wuchs die Anbaufläche für RoundupReady-Sojabohnen der Firma Monsanto von 5 auf 30 Millionen Hektar allein in den USA, so der ISIS Report 13/07/11 des Institutes of Science in Society in London. Dieses Institut ist eine Non-Profit-Organisation, das sich der Aufgabe verschrieben hat, kritische und wissenschaftlich zugängliche Informationen einer möglichst breiten Öffentlichkeit zugänglich zu machen, und fördert zusätzlich die soziale Verantwortlichkeit und ökologische Nachhaltigkeit in der Wissenschaft.

Wie die als GVO-Gegnerinnen bekannten Biologinnen Dr. Eva Sirinathsinghji und Dr. Mae-Wan Ho vom Institute of Science in Society (ISIS Report 13/07/11) aus London betonen, bauen Unternehmen wie Monsanto in ihr Saatgut eine Herbizidtoleranz (HT) ein, die darauf zurückzuführen ist, dass ein glyphosatresistentes Gen des Bodenbakteriums *Agrobacterium tumefaciens* eingeschleust wird, sodass das von dem Herbizid normalerweise angegriffene Enzym nicht blockiert wird. Eine Insektenresistenz wird durch die Einschleusung eines oder mehrerer aus dem Bodenbakterium Bt (*Bacillus thuringiensis*) gewonnenen Toxingene erzielt, wie in den unzähligen wissenschaftlichen Beiträgen dieses Institutes nachzulesen ist, so zum Beispiel in Science in Society 26, 12, 2005; 42, 14, 2009; 43, 34–35, 2009; 48, 32–33, 2010 sowie im Spezialreport 10/10/12. Die Zahl der kritischen Berichte und Nachweise ist erdrückend, sodass hier nur eine kleine Auswahl genannt wird.

Laut Dr. Ho steht die mit den GVO entstandene ökologische Zeitbombe kurz vor der Explosion. Nach jahrelanger ständiger Anwendung von patentierten Glyphosat-Herbiziden wie dem berühmt-berüchtigten Roundup® von Monsanto, sind neue herbizidresistente Unkräuter, sogenannte Superweeds, entstanden: die Antwort der Natur auf den Versuch des Menschen, gegen ihre Gesetze zu verstoßen. Die Eindämmung der Superweeds verlangt den Einsatz von deutlich mehr, nicht weniger Unkrautvernichtungsmitteln. Die neuen Superweeds sind so robust, dass Mähdrescher die Felder nicht abernten können und Handgeräte bei dem Versuch, sie niederzumähen, zerbrechen. Allein in Arkansas sind Soja- und Maisanbauflächen von mindestens 400 000 Hektar von der Plage dieser neu mutierten Pflanzen befallen. Detaillierte Daten für andere landwirtschaftliche Gebiete gibt es nicht, man nimmt aber an, dass die Lage dort ähnlich ist. Das US-Landwirtschaftsministerium, das GVO befürwortet und den Agribusiness-Konzernen freundlich gesinnt ist, verschweigt angeblich die Wahrheit über die Ernte in den USA, um das Desaster zu vertuschen und eine öffentliche Revolte gegen die GVO auf dem größten GVO-

Markt der Welt zu verhindern, wie Science in Society schon im Jahr 2005 (16/12/05) berichtet hat und bis heute nachdrücklich davor warnt (Special Reports 01/02/10, 10/10/12).

Wie T. A. Gaines und Kollegen im Jahr 2011 im Journal of Agricultural and Food Chemistry publizierten, kann eine Art dieser glyphosatresistenten Superweeds, der Palmer Amaranth (*Amaranthus palmeri*), bis zu 2,4 m hoch werden, er übersteht große Hitze und längere Dürre. Er produziert Tausende Samenkörner, sein Wurzelwerk entzieht den Nutzpflanzen die Nährstoffe. Wenn es nicht gelingt, ihn zu bekämpfen, überwuchert er in einem einzigen Jahr ein komplettes Feld. Einige Bauern waren bereits gezwungen, ihre Äcker aufzugeben. Bisher wird ein Palmer-Amaranth-Befall von GVO-Anbaugebieten außer aus Arkansas auch noch aus den Bundesstaaten Georgia, South Carolina, North Carolina, Tennessee, Kentucky, New Mexico, Mississippi und seit Neuestem auch aus Alabama und Missouri gemeldet. Nach Einschätzung der Forschergruppe um Gaines von der University of Georgia reichen schon zwei Palmer-Amaranth-Pflanzen auf je 6 m einer Reihe Baumwollpflanzen, um den Ertrag eines Feldes um mindestens 23 % zu reduzieren. Eine einzige Pflanze kann bis zu 450 000 Samen produzieren.

5.2.2 RoundupReady-Sojabohnen

Auch den naturbelassenen Sojabohnen geht es nicht anders. Dr. Martha Mertens berichtete im Jahr 2008 im GID (Mitteilungsdienst des gen-ethischen Netzwerkes) 189 auf den Seiten 5–8 sehr ausführlich und detailliert über die gv-Sojabohnen, denen sie im Zusammenhang mit dem Spritzmittel Roundup® eine gesundheitsgefährdende Exposition zuschreibt.

Studien der letzten Jahre lieferten Hinweise auf negative Wirkungen von Glyphosat und/oder Roundup® auf die Nieren von Mäusen, auf trächtige Ratten und die Spermienbildung bei Kaninchen, wie die Arbeiten von Benachour et al. (2007) und Müller (2004) zeigten. Die Arbeiten weisen auf statistisch signifikante Glyphosat-Effekte hin, wie erhöhtes Auftreten von die Hoden betreffende (testikuläre) Zelltumoren und Verwachsungen (Ademone) der Bauchspeicheldrüse, Anstieg von Magenschleimhaut-Entzündungen und nierenpathologische Effekte bei Jungtieren. Benachour und seine Mitstreiter belegen, dass sowohl Glyphosat als giftiger Wirkstoff alleine, als auch das Herbizid Roundup Bioforce®, in dem weitere chemische Stoffe enthalten sind, menschliche Embryonalzelllinien wie auch Plazentazellen schädigen, und zwar bei Konzentrationen, die deutlich unter den für die agronomische Nutzung empfohlenen Werten liegen. Glyphosat allein war weniger toxisch, was auf eine durch die Formulierungsmittel induzierte zusätzliche/synergistische Toxizität hinweist. Serumzusatz verzögerte die toxische Wirkung um etwa ein bis zwei Tage. Roundup® und Glyphosat hemmten zudem das

Enzym Aromatase, dem eine wichtige Rolle bei der Steroid-Produktion und damit bei der Keimzellbildung und Fortpflanzung zugeschrieben wird. Für Benachour und seine Kollegen steht Roundup® daher im Verdacht, die menschliche Fortpflanzung und Embryonalentwicklung zu stören, zudem würden toxische Effekte und hormonelle Wirkungen der Formulierungen bislang unterschätzt.

5.2.3 gv-Mais

Auch in Bezug auf Genmais sieht es nicht besser aus. Besonders häufig ist in der Welt Genmais anzutreffen. Einer Studie von J. Spiroux de Vendômois und Kollegen aus dem Jahr 2009 zufolge werden die Gesundheitsbedenken gegenüber gv-Mais bekräftigt. Drei gentechnisch veränderte Maislinien (MON810, MON863, NK603) der Firma Monsanto wurden untersucht. Vor allem die Blutwerte für Leber, Nieren, Milz und Herz wiesen signifikante Veränderungen auf. Leber und Nieren sind für das Ausscheiden giftiger Stoffe besonders wichtig und liefern daher wichtige

gv-Mais in der Natur.

Indikatoren für Toxizitäten. Unbeabsichtigte direkte oder indirekte metabolische Konsequenzen der genetischen Veränderungen der Maislinien könnten nicht ausgeschlossen werden, so das Resümee der Wissenschaftler.

Daten aus Fütterungsversuchen an Ratten bildeten die Grundlage für die Untersuchung der französischen Wissenschaftler. Monsanto selbst hatte die Versuche in Auftrag gegeben, die Daten jedoch geheim gehalten. Greenpeace konnte jedoch rechtlich erwirken, Teile der Daten öffentlich zu machen. Die Europäische Lebensmittelsicherheitsbehörde (EFSA) hatte alle Maislinien als sicher eingestuft. Sie wurden daraufhin zum Import und zur Verarbeitung in Futter- und Lebensmitteln in der EU zugelassen.

Gilles-Éric Séralini und seine Kollegen veröffentlichten Ende des Jahres 2012 (Mitte 2012 waren die Studienergebnisse schon online abrufbar) in der Fachzeitschrift Food and Chemical Toxicity einen umfangreichen Artikel über die Giftigkeit von Roundup® und genmanipuliertem Mais. Über zwei Jahre wurden Ratten diesen Stoffen ausgesetzt. Dabei stellte sich heraus, dass diese Individuen zwei- bis dreimal so schnell starben wie die der Kontrollgruppe. Die Nierenerkrankungen lagen um den Faktor 1,3–2,3 höher, und es waren viermal mehr tastbare Tumoren in dieser Gruppe im Vergleich zur Kontrollgruppe festzustellen. Es handelte sich vornehmlich um signifikante chronische Nierenerkrankungen durch Exposition dieser Ratten mit Roundup® und Maistransgenen. Bislang wurden Tierversuche über einen solch langen Zeitraum von über zwei Jahren ganz selten bzw. nie durchgeführt, auch und gerade in den Chemiekonzernstudien nicht.

Auch der Abschlussbericht der Österreichischen Agentur für Gesundheit und Ernährungssicherheit (AGES) mit dem Titel »Untersuchungen zum Auftreten von Bienenverlusten in Mais- und Rapsanbaugebieten Österreichs und möglicher Zusammenhänge mit Bienenkrankheiten und dem Einsatz von Pflanzenschutzmitteln (Projekt-Akronym: MELISSA, Projektnummer 100472)«, welcher einen Zeitraum von 2009 bis Anfang 2012 umfasst, kommt zu dem Schluss, dass »ein Zusammenhang zwischen den Bienenschäden zur Zeit der Mais- bzw. Ölkürbisaussaat und der Anwendung von insektizidgebeiztem Mais- bzw. Ölkürbissaatgut klar zu erkennen ist. Über alle drei Versuchsjahre konnte eine ähnlich verlaufende zeitliche und räumliche Koinzidenz der Schadensfälle mit dem Anbau dieser Kulturarten beobachtet werden, die verwendeten Beizmittelwirkstoffe – insbesondere Clothianidin – in Bienen und Bienenbrot sowie an Pflanzenproben aus der Nachbarschaft der Maisfelder nachgewiesen werden, und in Vergiftungsverdachtsfällen waren die Rückstandsnachweise häufig positiv … Auch in all jenen Fällen, in denen die gemessenen Rückstandskonzentrationen über der Bestimmungsgrenze (= 0,001 mg/kg Bienen) gelegen haben, kann eine kausale Beteiligung insektizider Beizmittel an den Bienenschäden vermutet werden« (S. 176 f.).

In einer Stellungnahme von Monsanto zu der aufsehenerregenden Studie von Séralini und Kollegen heißt es in der Zusammenfassung: »Federführender Verfasser aller Publikationen ist GILLES-ÉRIC SÉRALINI. Zusätzlich zu seiner Verbindung mit der Universität Caen ist Professor SÉRALINI seit 1999 Vorsitzender des Scientific Council for Committee for Research and Independent Information on Genetic Engineering (CRIIGEN). Professor SÉRALINI und die CRIIGEN-Organisation sind für ihre feindselige Einstellung gegenüber der Biotechnologie wohlbekannt. In jeder der vier vorherigen Publikationen wird eingeräumt, dass ein Teil der finanziellen Unterstützung von der CRIIGEN stammt. Andere Zuwendungen stammen von der ‚Human Earth Foundation' und der ‚Fondation DENIS GUICHARD'. Die Presseerklärungen über Studien zu diesen Produkten finden sich auf der CRIIGEN-Website, die Kontaktperson ist GILLES-ÉRIC SÉRALINI.« Monsanto behauptete, diese Studie entspreche nicht den akzeptablen Mindeststandards für derartige wissenschaftliche Studien, die Ergebnisse würden durch die vorgelegten Daten nicht gestützt und die Schlussfolgerungen besäßen für die Zwecke einer Sicherheitsbewertung keine Relevanz. Es existiere kein plausibler Mechanismus, der die im Zusammenhang mit genetisch modifiziertem Mais berichteten Ergebnisse erklären könne, und die Ergebnisse deckten sich nicht mit den vorhandenen extensiven Erfahrungen und wissenschaftlichen Studien. Extensive Tier- und in-vitro-Versuche (im Reagenzglas) hätten gezeigt, dass Glyphosat keinen Krebs und keine Tumore und auch keine Störungen der endokrinen Funktionen verursache. Diese Studie liefere keine Informationen, durch welche die extensiven Sicherheitsbewertungen von Glyphosat oder Roundup®-Herbiziden infrage gestellt würden, so Monsanto. Es wäre nur fair gewesen, wenn Monsanto auch die Auftrag- und Geldgeber der in dem hier zitierten Schreiben genannten Studien offengelegt hätte. Auch die Deutschlandzentrale des Unternehmens sah sich genötigt, am 20.09.2012 die Studienergebnisse zu bezweifeln.

Unmittelbar nach der Veröffentlichung haben sich unabhängige Wissenschaftler kritisch zu der Studie und den verwendeten Methoden geäußert. Professor DAVID SPIEGELHALTER von der Universität Cambridge stellt die angewandte Methodik, die statistische Auswertung sowie die Bewertung der Ergebnisse infrage, die in ihrem Anspruch ihm zufolge deutlich unter dem wissenschaftlichen Standard liegen. »In my opinion, the methods, stats and reporting of results are all well below the standard I would expect in a rigorous study – to be honest I am surprised it was accepted for publication.«

Weitere Meinungen von unabhängigen und weltweit anerkannten Wissenschaftlern finden Sie unter www.sciencemediacentre.org/pages/press_releases/12-09-19_gm_maize_rats_tumours.htm und www.trust.org/alertnet/news/study-finds-tumours-in-rats-fed-on-monsantos-gm-corn#.UFnQiDDbt6w.email.

Wie das gennetz.wordpress.com am 04.10.2012 berichtete, will GILLES-ÉRIC SÉRALINI der Europäischen Behörde für Lebensmittelsicherheit (EFSA) keine zusätzlichen Daten über seine Forschung zur Verfügung stellen. Vielmehr müsse die EFSA ihre Daten veröffentlichen, auf deren Grundlage die Behörde den Genmais NK603 und das Pestizid Roundup® als unbedenklich einstufte, sagte Séralini am 04.10.2012 der Nachrichtenagentur AFP. Es sei »ein Skandal«, dass die EFSA ihre Daten geheim halte.

Séralinis Studie mit Bildern von Laborratten mit riesigen Tumoren hatte in der EU eine Diskussion über gefährliche Langzeitfolgen von genveränderten Pflanzen ausgelöst. Der in der Fachzeitschrift »Food and Chemical Toxicology« veröffentlichten Studie zufolge sterben mit dem Genmais NK603 gefütterte Ratten jünger und erkranken deutlich häufiger an Krebs als Tiere, die herkömmliche Nahrung erhalten.

Nachdem bereits das Bundesinstitut für Risikobewertung der Studie die wissenschaftliche Sorgfalt abgesprochen hatte, kritisierte die EFSA die Studie scharf und erklärte, sie genüge »nicht den wissenschaftlichen Ansprüchen, um für eine Risikobewertung in Betracht gezogen zu werden«. Die Behörde forderte Séralini zudem auf, »wichtige zusätzliche Informationen« offenzulegen, um diese bis Ende Oktober in eine umfassendere Bewertung der Studie einbeziehen zu können.

Dem will Séralini nicht nachkommen: »Wir werden ihnen nichts geben«, sagte der Professor für Molekularbiologie der Nachrichtenagentur AFP. Zusätzliche Informationen sollten der Öffentlichkeit aber zugänglich gemacht werden, sobald die EFSA dies mit ihren Daten getan habe. Die EFSA müsse auch die Daten offenlegen, auf deren Grundlage andere genveränderte Pflanzen als unbedenklich eingestuft wurden, forderte Séralini.

Das Bundesinstitut für Risikobewertung (BfR) hält ebenfalls nichts von dieser Langzeitstudie zu Gentechnik-Risiken. Auf Weisung der Regierung hat das BfR die aufsehenerregende Studie zu gesundheitlichen Auswirkungen von gv-Mais des Herstellers Monsanto geprüft. Die Behörde kommt zu dem Schluss, es bestünde »kein Anlass für eine Neubewertung von Glyphosat und gentechnisch verändertem Mais NK603«. Die Thesen der französischen Forscher seien »nicht ausreichend belegt«. Dabei wiederholt das BfR die gleichen Argumente, die von einigen Kritikern und Monsanto selbst vorgetragen worden waren. Unterdessen fordern unabhängige Wissenschaftler in einem offenen Brief eine ehrlichere Debatte der Untersuchungsergebnisse. In ihrem Bericht bemängelt die Bundesbehörde »Unzulänglichkeiten des Studiendesigns sowie der Art der Präsentation und Interpretation der Daten«. Die Schlussfolgerungen der Forscher um Gilles-Éric Séralini seien deshalb nicht nachvollziehbar. Das BfR, das im Mai 2012 selbst für seine Nähe zur Gentechnik-Industrie kritisiert worden war, führt dabei vor allem Punkte an, die kurz nach Erscheinen der Studie von Monsanto und einigen Wissenschaftlern ausgemacht und in der Medienberichterstattung weitestgehend unhinterfragt übernommen wurden. So wird kritisiert, die Studie habe eine Rattenart verwendet, die ohnehin zur Tumorbildung neige. Außerdem seien die Versuchsgruppen zu klein gewesen. Diese Kritik stößt bei unabhängigen Experten jedoch auf Unverständnis. Die Ratten seien die gleichen, die auch die Industrie für ihre Studien verwende – und so die Zulassung für viele ihrer gv-Pflanzen von der EU erhalten habe. Außerdem folge die französische Untersuchung den Richtlinien der OECD für die Prüfung auf sub-chronische orale Toxizität. Auch die Industrie tut dies – allerdings mit dem Unterschied, dass sie die Versuchstiere nach drei Monaten tötet, während die französische Studie zwei Jahre lang lief und noch zusätzliche Daten erhob. Dass die Ratten, die Gentechnik-Mais fraßen, so häufig an Krebs erkrankten, war auch für Séralini und seine Kollegen eine Überraschung. Hätten sie dies von Anfang an vermutet, hätten sie wohl ein anderes Studiendesign herangezogen (vgl. http://gennetz.wordpress.com/category/gvo).

Der Biotechnologie-Experte Christoph Then hatte in einem Interview ebenfalls auf diese Punkte verwiesen. Er erklärte, die Hersteller von gv-Pflanzen untersuchten die Wirkungen häufig nur anhand weniger Gruppen, die tatsächlich gentechnisch verändertes Futter bekämen, und setze diese dafür in Relation mit einer größeren Zahl an Kontrollgruppen. Then riet dazu, die Erkenntnisse der französischen Studie ernst zu nehmen. Schützenhilfe bekam Then von Angelika Hilbeck, der Präsidentin des »European Network of Scientists for Social and Environmental Responsibility«. Hilbeck ist eine ehemalige Hohenheimer Agrarbiologie-Absolventin und heute an der ETH Zürich tätig. Zu ihrem Netzwerk gehören überwiegend gentechnikkritische Wissenschaftler, auch Séralini selbst. Hilbeck hat die europäische Zulassungspraxis evaluiert und ihre Ergebnisse in Hohenheim gezeigt: Wenn es um aussagekräftige Langzeitstudien geht, von denen man Aussagen über die langfristigen ökotoxikologischen und gesundheitlichen Auswirkungen von gv-Kultursorten erwarten darf, sieht es international ganz düster aus. Zweijahresstudien wie die von Séralini seien weltweit die Ausnahme. Hilbeck hat 22 Studien ermittelt und unter die Lupe genommen. Ein Standardprotokoll für die Bewertung neuer Sorten gibt es demnach nicht (vgl. Die Zulassungs- und Bewertungspraxis der EFSA am Beispiel der Glyphosatstudie von Professor Séralini. Öffentliche Konferenz am 06.02.2013, Universität Stuttgart-Hohenheim, Euro Forum und SIMT 9:00 Uhr bis 18:00 Uhr, nachzulesen unter www.gentechnikfreies-europa.eu).

Darin dürften ihnen wohl auch die Wissenschaftler zustimmen, die einen offenen Brief für eine ehrlichere, ausgewogenere Debatte der Risiken von Gentechnik-Pflanzen veröffentlichten. Die Experten der Universitäten Canterbury und Grampian in Großbritannien, der kanadischen Guelph-Universität, des renommierten Salk-Instituts in Kalifornien und des Bioscience Resource Project fordern, die gentechnikfreundlichen Industriestudien genauso kritisch zu hinterfragen wie die nun von vielen verrissene Untersuchung des französischen Forscherteams. Insbesondere betonen sie die Rolle der Wissenschaftsredaktionen in wichtigen Zeitungen und anderen Medien, die die Aussagen der Kritiker meist vollständig übernommen hätten – und das, obwohl diese Teil einer Kampagne des britischen Science Media Centre gewesen seien. Zu dessen Geldgebern zählen auch die wichtigen Gentechnik-Konzerne.

Das BfR ist nicht die einzige Behörde, die die aufsehenerregende Studie prüft. Auch Frankreich und Russland haben, neben anderen, eine Überprüfung angeordnet. »Sollten Informationslücken festgestellt werden, wird die EFSA sich an die Autoren wenden, um weitere Einzelheiten zu den im Rahmen der zweijährigen Studie verwendeten Methoden zu erfahren«, teilte die Agentur mit. Diese Verfahrensweise entspricht, für sich genommen, sowohl den Vorschriften der EFSA als auch der wissenschaftlichen Redlichkeit. Allerdings ist die Glaubwürdigkeit der Lebensmittelagentur mittlerweile schwer ramponiert. Das liegt auch an mehreren problematischen Personalentscheidungen, die den Verdacht einer ungesunden Nähe zwischen ehemaligen Mitarbeitern der Agentur und Unternehmen aus der Lebensmittelbranche nahelegen.

So war zum Beispiel Suzy Renckens bis Mai 2008 in der EFSA dafür zuständig, die Risiken gentechnisch veränderter Pflanzen zu bewerten. Dann wechselte sie sozusagen nahtlos in das Lobbybüro des Biotechnologiekonzerns Syngenta, der gentechnisch verändertes Saatgut herstellt. Ihr bisheriger Arbeitgeber, die EFSA, hat das kommentarlos erlaubt. Die Behörde hat eingestanden, dass das ein Fehler war und »einen Konflikt mit den Dienstpflichten Renckens« verursacht habe. Konsequenzen hatte das aber nicht (vgl. diesen Bericht unter http://gennetz.wordpress.com/category/gvo oder www.projektwerkstatt.de/gen/konzerne sowie www.projektwerkstatt.de/gen/filz_behoerden).

5.2.4 gv-Reis

Eng verbunden ist die Gentechnik mit der Patentierung von Pflanzen und deren Genen, welche den Saatgutkonzernen eine zunehmende Kontrolle über die Welternährung sichert.

Wie das Umweltinstitut im Mai 2005 meldete, wurde der Multigenompatentantrag auf Reis der Firma Syngenta zurückgezogen (vgl. www.umweltinstitut.org: Multigenompatent auf Reis erst auf öffentlichen Druck zurückgezogen. Syngentas Griff nach dem Leben, CGIAR Ausgabe 1001, Mai 2005, S. 79 f.).

Das Reisgenom ist wie eine Schablone für viele andere Nahrungspflanzen. Deshalb wird es besonders gern für Forschungen genutzt. Bisher erteilte allein das Europäische Patentamt (EPA) in München über 400 Patente auf Pflanzen und Saatgut, und weltweit gibt es bereits über 1 000 Patente auf zentrale Nahrungspflanzen wie Mais, Soja, Reis oder Weizen. Über 40 % dieser Patente befinden sich in der Hand von vier Großkonzernen. Die zehn größten Agrarkonzerne beherrschen zudem fast 90 % des Marktes für Agrarchemikalien, die Top 5 rund 60 % des Pestizidhandels und praktisch 100 % des Vertriebs von Gentechnik-Saatgut. Welche gravierende Bedrohung die Macht weniger Unternehmen über die Grundlagen der Welternährung darstellt, wird an einem aktuellen Beispiel deutlich. Syngenta, der größte Agrochemie- und Gentechnikkonzern der Welt, hatte, wie im Januar 2005 bekannt wurde, ein Patent angemeldet, das dem Unternehmen einen Monopolanspruch auf das Genom von mindestens 40 verschiedenen Pflanzenarten verschafft hätte. Das Patent wäre in 115 Ländern gültig gewesen. Internationale Vertragswerke zum Schutz der Sicherung der Welternährung wären unter diesem Patent im Handstreich Makulatur geworden. Die kanadische ETC-Gruppe (Action Group on Erosion, Technology and Concentration) hatte von dem noch nicht genehmigten Patent des Konzerns erfahren und die Öffentlichkeit eindringlich vor der Bedrohung der Ernährungssicherung der Welt und einem Angriff auf die gesamte Agrarforschung gewarnt. Am 14.02.2005 zog Syngenta den Patentantrag zurück.

Worum ging es bei dem Patent?

In dem 323-seitigen Antrag für das Patent Nr. WO03000904A2/3 erhob Syngenta Anspruch auf Gene der Reispflanze, die Blütenentwicklung und -bildung sowie den Aufbau und den Blühzeitpunkt der Reispflanze regulieren. Die Ansprüche waren jedoch nicht auf wichtige Gensequenzen von Reis begrenzt. Nach einer Studie von Dr. Paul Oldham (Universität Lancaster) war der Geltungsbereich dieses Patents praktisch grenzenlos – es war ausgeweitet auf Blütenpflanzen im Allgemeinen, einschließlich der noch nicht klassifizierten. Die Ansprüche Syngentas umfassten damit auch zentrale Gensequenzen von 23 Hauptnahrungspflanzen, die im Anhang zum FAO-Vertrag über pflanzengenetische Ressourcen (ITPGR) aufgeführt sind. Zentrales Anliegen dieses Vertrags ist es, aus Gründen der zukünftigen Ernährungssicherung die Patentierung aller wichtigen Nahrungspflanzen zu verbieten. Durch die Erteilung dieses Patents wäre der Vertrag, den bislang 66 Staaten unterzeichnet haben, praktisch hinfällig gewesen, so Silvia Ribeiro von der ETC-Gruppe. Was macht aber die Reispflanze in den Augen der multinationalen Genkonzerne so attraktiv?

Angeblich steht die Wissenschaft kurz vor der Entschlüsselung des kompletten Reisgenoms, also der gesamten Erbinformation der Reispflanze. Der Aufbau der DNA der Reispflanze ist aber auch die Grundlage für die Identifikation genetischer Merkmale in anderen blühenden Pflanzen. Die abgeschlossene Kartierung des Reisgenoms stellt damit eine Schablone für die meisten wichtigen Nutzpflanzen der Welt dar. Da Syngenta nun verschiedene Gensequenzen der Reispflanze beschreiben kann, stellte sich das Unternehmen auf den Standpunkt, dass es dann auch Monopolrechte auf diese Sequenzen besitzt, wenn sie in anderen Pflanzenarten festgestellt werden. »Reis ist aus der Perspektive des Genomforschers besonders attraktiv«, meint deshalb Stephen Goff, Reisforscher bei Syngenta. »Reis hat das kleinste Genom der wichtigen Nahrungspflanzen, und ist daher ein Modell für die viel größeren Genome von Mais und Weizen.« Durch die Sequenzierung und Analyse des Reisgenoms können landwirtschaftlich interessante Gene und deren Funktionen beschrieben werden, die in anderen, ökonomisch noch interessanteren

Arten wie Weizen wiederkehren. Mit anderen Worten, die Gene für bestimmte Merkmale im Reis sind denen anderer Nahrungspflanzen sehr ähnlich oder gar identisch. Wenn ein Konzern sich nun Gensequenzen von Reis patentieren lässt, kann er mit demselben Patent Anspruch auf die gleiche Sequenz in Dutzenden anderer Arten erheben. In dieser Art von Patentstrategie ist Reis also nur das Mittel zum Zweck eines umfassenden Genmonopols.

Der Kanadier Pat Mooney erhielt 1985 den Alternativen Nobelpreis für seinen Einsatz zum Schutz der biologischen Vielfalt in der Dritten Welt. Nehmen wir das Beispiel Nairobi: Das kenianische Patentamt ist im zweiten Stock eines Spielcasinos untergebracht. Es hat nicht die geringste Möglichkeit, irgendwelche Nachforschungen anzustellen. Das Einzige, was die Mitarbeiter wissen, ist: Wenn sie das Patent bewilligen, bekommen sie Geld. Das macht es für jedes Drittweltland sehr verführerisch, Patente zu erteilen. Aus diesem Grund war es sehr wichtig, dass das Patent in allen Ländern und vor allem beim Europäischen Patentamt zurückgezogen wurde. Außerdem existieren noch zahlreiche andere Patentansprüche dieser Art. Die Tatsache, dass sich eine Firma DNA-Sequenzen, die von zentraler Bedeutung für eine Pflanze oder ein Tier sind, patentieren lassen kann, existiert nach wie vor. Nach derzeitigen Informationen gibt es zurzeit 14 Multigenom-Patentanträge, die jederzeit eingereicht werden könnten. (CGIAR – Consultative Group on International Agricultural Research; vgl. unter: www.umweltinstitut.org – Multigenompatent auf Reis erst auf öffentlichen Druck hin zurückgezogen. Syngentas Griff nach dem Leben, Umweltnachrichten Ausgabe 101, Mai 2005.)

5.2.5 gv-Weizen

Aufmerksamen Umweltaktivisten fallen zumindest Veränderungen in der Ackerflächennutzung auch in vollkommen entlegenen Landstrichen dieser Erde auf. Gott sei Dank, möchte man sagen. So ist zwischenzeitlich bekannt, dass in Australien seit 2011 nahe der Stadt Narrabri in der südostaustralischen Provinz New South Wales der erste Feldversuch mit gentechnisch verändertem Weizen und Gerste läuft. Der gv-Weizen soll nahrhafteres Brot liefern. Wie Ben Cubby am 28.05.2011 in der Sydney Morning Herold berichtete, sind die Gene, welche verändert wurden, um dieses angeblich nahrhaftere Brot zu erzeugen, geheim. Bekannt ist lediglich, dass 14 unterschiedliche Weizen- und Gerstenarten angebaut werden sollen. Bei einigen Arten untersuchen die Forscher die Anreicherung des Getreides mit zusätzlichen Nährstoffen, bei anderen die effizientere Nutzung von im Boden befindlichem Stickstoff, was höhere Erträge bei geringerem Düngereinsatz bedeuten könnte.

Nach Angaben der staatlichen australischen Forschungsbehörde CSRIO (Commonwealth Scientific and Industrial Research Organisation), die das auf drei Jahre ausgelegte Projekt betreut, werden die bei dem Versuch verwendeten Genkombinationen geheim gehalten, da sie Gegenstand vertraulicher Vereinbarungen zum Schutz der Interessen der beteiligten staatlichen Forschungsbehörden und des US-Unternehmens Arcadia Biosciences seien.

Umweltgruppen und Vertreter der organischen Landwirtschaft wehren sich gegen den GVO-Versuch, sie halten es für möglich, ja sogar für wahrscheinlich, dass sich gv-Weizen und gv-Gerste mit natürlichen Weizenarten, die in Australien angebaut werden, vermischen und das Getreide mit den manipulierten Genen »kontaminieren«.

Die Umweltorganisation Greenpeace lehnt den GVO-Versuch aus einem weiteren Grund ab: Es gebe bislang keine wissenschaftliche Untersuchung über die Sicherheit des modifizierten Getreides für den menschlichen Verzehr und als Viehfutter.

Die CSRIO versichert, die Sicherheitsbestimmungen, die im Rahmen der von der Aufsichtsbehörde für Gentechnik erteilten Lizenz formuliert worden seien, würden eingehalten.

»Die Risikoabschätzung hat ergeben, dass die vorgesehene begrenzte und kontrollierte Freisetzung … ein vernachlässigbar geringes Risiko für Gesundheit und Sicherheit von Mensch und Umwelt durch Gentechnologie birgt«, bestätigt der Leiter der Aufsichtsbehörde.

Nach Aussage von Dr. Matthew Morell von der CSRIO-Abteilung Zukunft der Ernährung werden auch zuverlässige Sicherheitsmaßnahmen ergriffen:

»(Das gv-Getreide) wird 200 m entfernt von anderem Getreide angebaut, und da Weizenpollen nur etwa einen Meter weit fliegen, ist es höchst unwahrscheinlich, dass Pollen in größerer Entfernung gefunden werden. Da es sich um eine patentgeschützte Technologie handelt, können weitere Details aus Gründen des Schutzes von betrieblicher Information nicht preisgegeben werden« (ebd.).

Greenpeace hält dies für nicht ausreichend, denn gv-Pflanzen könnten, wie die Vergangenheit gezeigt habe, leicht durch menschliche Nachlässigkeit verbreitet werden. In einem Fall seien allem Anschein nach Samen von gv-Raps durch Lastwagen übertragen worden, die an einem Experimentierfeld vorbeigefahren seien; dies habe zu einer Kontaminierung organisch wirtschaftender Farmen geführt.

»Die Entscheidung der australischen Regierung, den Feldversuch mit gv-Weizen zu genehmigen, bedeutet«, so Greenpeace-Sprecherin Laura Kelly, »dass insgeheim die Entscheidung für die australischen Weizenfarmer, Verbraucher und Exportmärkte gefallen ist, dass australischer Weizen zukünftig gv-Weizen sein wird« (aus: ebd., Sydney Morning Herold 28.05.2011).

Die Widerstände gegen diese Freilandexperimente sind groß, wie weitere Berichte in der Sydney Morning Herold vom 26.06., 19.07. und 01.12.2011 allein in diesem kurzen Zeitraum nach Bekanntwerden zeigen.

Heute wissen wir, dass gentechnisch veränderter Weizen einen enzymunterdrückenden Wirkstoff enthält, der beim Menschen zu dauerhaftem (möglicherweise tödlichem) Leberversagen führen kann. Davor warnt der Molekularbiologe JACK HEINEMANN von der University of Canterbury, Australien, in seinem umfangreichen Bericht »Evaluation of risks from creation of novel RNA molecules in genetically engineered wheat plants and recommendations for risk assessment«, veröffentlicht durch das Centre for Integrated Research der Universität Canterbury vom 28.08.2012. Hier präsentiert HEINEMANN Einzelheiten. Gleichzeitig fordert er eine sorgfältige wissenschaftliche Prüfung, bevor dieser Weizen für den menschlichen Verzehr zugelassen wird. Der Wirkstoff im Weizen könne ein menschliches Enzym unterdrücken, das an der Bildung von Glykogen beteiligt ist. Menschen, die gentechnisch veränderten Weizen essen, könnten ihren Körper mit diesem enzymzerstörenden Weizen vergiften, sodass die Leber kein Glykogen mehr produzieren könne. Glykogen ist für die Regulierung des Zuckerstoffwechsels unerlässlich. Das Resultat wäre ein Leberversagen. »Unsere Ergebnisse zeigen, dass die in diesem Weizen gebildeten Moleküle, die dort die Wirksamkeit eigener Gene unterdrücken sollen, zu menschlichen Genen passen. Über die Nahrung können diese Moleküle in den menschlichen Körper gelangen und dort potenziell die Wirkung menschlicher Gene ausschalten«, schreibt HEINEMANN über die Gefahren des gv-Weizens.

»Wir haben über 770 Seiten potenzieller Übereinstimmung zwischen diesen beiden Weizen-Genen und dem menschlichen Genom gefunden. Mehr als ein Dutzend sehr weitgehender bis identischer Übereinstimmungen führten im Experiment zu einer Unterdrückung. Die Ergebnisse lassen keinen Zweifel daran, dass diese Übereinstimmungen existieren … danach ist von negativen Auswirkungen auszugehen. Deshalb fordern wir besondere Versuchsreihen, bevor der Weizen für den menschlichen Verzehr freigegeben wird.«

Professor JUDY CARMAN, Biochemikerin und Leiterin der School of the Environment der Flinders University Adelaide, Australien, konnte in einer Dokumentation im September 2012 die Ansichten Professor HEINEMANNS nur bestätigen und erklärte: »Wenn dieser Wirkstoff dieselben Gene bei uns ausschalten kann, wie er sie im Weizen ausschaltet, dann werden Kinder, die ohne diese Enzymfunktionen geboren werden, in der Regel mit etwa fünf Jahren sterben. Und Erwachsene werden dadurch zunehmend krank, zunehmend müde, bis sie schließlich sehr, sehr schwer erkranken.« Und weiter: »Bevor dieser Weizen in Studien mit Menschen untersucht wird, brauchen wir eine sorgfältige Risikoeinschätzung an Tieren; es muss untersucht werden, ob die Tiere erkranken. Wir müssen überprüfen, ob dieses veränderte Gen den Verdauungsprozess übersteht und in den Körper der Tiere gelangt. Erforderlich sind sorgfältige toxikologische Langzeitstudien, Untersuchungen auf Krebs und die Klärung, ob es zu Problemen bei der Fortpflanzung kommt. Auch nach Allergien müssen wir Ausschau halten …«

Auch hier versucht Monsanto sozusagen den Gegenbeweis anzutreten und veröffentlicht zu dem kritischen Bericht »Herbizide in der Landwirtschaft – Gift im

Getreide« der Süddeutschen Zeitung vom 07.07.2012 nachfolgende Stellungnahme aus der Deutschland-Zentrale in Düsseldorf:

»Glyphosat ist bei bestimmungsgemäßer Anwendung sicher.

- Glyphosat ist der weltweit meist untersuchteste (sic!) Pflanzenschutzmittel-Wirkstoff und ist seit mehr als 35 Jahren in über 100 Ländern zur Unkrautkontrolle zugelassen.
- Im Stoffwechsel der Unkräuter wird durch den Wirkstoff Glyphosat das Enzym EPSPS und somit die Bildung der essentiellen Aminosäuren blockiert. Die Pflanze verwelkt. Da dieses Enzym bei Mensch und Tier nicht vorkommt, sind negative Effekte auf die Gesundheit unwahrscheinlich.
- Verschiedenste Behörden in der EU (Bundesamt für Verbraucherschutz und Lebensmittelsicherheit, Bundesinstitut für Risikobewertung, österreichische und französische Behörden AGES und AFSSA) führen kontinuierliche Risikobewertungen durch. In diesen wird die Sicherheit von Glyphosat wiederholt bestätigt, zuletzt am 30.05.2012.

Der Einsatz glyphosathaltiger Pflanzenschutzmittel zur Abreifesteuerung in der Vorernte ist sicher.

- Der Einsatz glyphosathaltiger Pflanzenschutzmittel in der Vorernte, z. B. zur Sikkation, ist seit über 25 Jahren in Deutschland zugelassen. Sie ermöglicht dem Landwirt bei widrigen Bedingungen die Ernte gezielt zu steuern oder erst zu ermöglichen.
- Unter Einhaltung entsprechender Anwendungsbestimmungen und Wartezeiten, ist aufgrund des Entwicklungszustandes (Reifegrad) der behandelten Pflanzen nur eine geringe bis keine Verlagerung des Wirkstoffs in das Korn zu erwarten.
- Diese Ernteprodukte können sicher als Lebens- oder Futtermittel verwertet werden. Die Einhaltung von im Rahmen der Zulassung europäisch festgesetzten Rückstandshöchstmengen wird kontinuierlich überwacht.

(...)

- Aus Sicht der zuständigen Bewertungsbehörden besteht derzeit kein Anlass, die seit vielen Jahren bestehenden Werte zu Glyphosat-Rückstandshöchstgehalten zu ändern, da sie sich als sicher erwiesen haben.

(...)

Monsanto nimmt die Sicherheit seiner Produkte und seine Verantwortung für diese sehr ernst. Unsere Wissenschaftler prüfen jede neue Publikation, die sich auf die Sicherheit unserer Produkte bezieht, unverzüglich und sorgfältig. Hierfür ist eine zugängliche Information für eine transparente, sachliche Diskussion auf Basis wissenschaftlicher Erkenntnisse unabdingbar. Von Diskussionen, die auf Vermutungen oder nicht öffentlich gemachten Studien beruhen, und vermeintlich die

Verunsicherung der Verbraucher zur Erreichung politisch motivierter Ziele bezwecken, distanzieren wir uns.«

Auch hier wie bei allen Stellungnahmen der Agrochemiekonzerne fehlen eindeutige Hinweise auf die Auftraggeber der genannten Studien, wer diese bezahlt hat und mit welchem Interesse. Insofern können die Aussagen des Konzerns zumindest bezweifelt werden.

Trotz der Warnungen vieler Forscher (z. B. Heinemann 2012, Carman 2012, Antoniou 2012, Phalan et al. 2013) vor Gesundheitsgefahren durch gv-Weizen teilt das Bundesamt für Verbraucherschutz und Lebensmittelsicherheit (BVL) in einer Pressemitteilung vom 05.12.2012 (nachzulesen unter www.bvl.bund.de) mit, dass das »BVL einen Antrag des Leibniz-Instituts für Pflanzengenetik und Kulturpflanzenforschung (IPK) in Gatersleben auf Freisetzung von gentechnisch verändertem (GV) Weizen in den Jahren 2012 bis 2014 genehmigt« hat. Der Freilandversuch soll auf einer landwirtschaftlichen Versuchsfläche von 10 000 m² in der Gemeinde Ausleben in Sachsen-Anhalt stattfinden. Freigesetzt werden maximal 43 000 gv-Pflanzen. Dieses entspricht bei üblicher Saatstärke einer Fläche von ca. 170 m². Die zur Freisetzung genehmigten Weizenpflanzen weisen einen verbesserten Saccharose-Transport in das Korn auf. Der veränderte Transport des Speicherstoffs führt zu einer verbesserten Energieversorgung im Korn und soll den Korn- und Proteinertrag erhöhen.

Der Anbau dient Versuchszwecken, und der produzierte gv-Weizen ist nicht für den Verzehr durch Menschen oder Tiere vorgesehen – bereits in den Jahren 2006 bis 2008 sind Weizenpflanzen, in welche ein vergleichbares Genkonstrukt übertragen wurde, freigesetzt worden.

Zusammenfassend stellt Christoph Then zu Beginn des Jahres 2013 in seinem Bericht für Testbiotech »30 years of genetically engineered plants – 20 years of commercial cultivation in the United States: a critical assessment« fest: »Vor 30 Jahren wurden die ersten gentechnisch veränderten Pflanzen hergestellt, seit fast 20 Jahren werden diese in den USA kommerziell angebaut. Im Vergleich zur EU wird die Entwicklung in den USA wesentlich stärker von Firmen wie Monsanto und deren wirtschaftlichen Interessen geprägt. Allerdings hat auch in der EU längst eine Marktöffnung für den Import der Produkte gentechnisch veränderter Pflanzen stattgefunden. Jetzt stehen 2013 weitere Entscheidungen über neue Zulassungen für den Anbau an.«

Vor diesem Hintergrund werden die bisherigen Erfahrungen in den USA kritisch untersucht sowie Empfehlungen für den Umgang mit dieser Technologie in der EU vorgestellt. Die wesentlichsten Befunde sind:

Auswirkungen für Landwirte: Die US-Landwirte hatten zunächst Vorteile beim Anbau herbizidresistenter Pflanzen. Diese anfänglichen Vorteile (Arbeitszeitersparnis, geringere Aufwendungen an Spritzmitteln bei der Unkrautbekämpfung) haben sich jedoch ins Gegenteil verkehrt: Da die Unkräuter sich an den Anbau der gentechnisch veränderten Pflanzen angepasst haben, steigen sowohl die Mengen an Spritzmitteln als auch der Arbeitszeitaufwand deutlich. Auch an den Anbau Insektizid produzierender Pflanzen haben sich die Schädlinge zum Teil angepasst. Nachdem sich sekundäre Schädlinge im Maisanbau ausgebreitet haben, werden die Pflanzen jetzt mit bis zu sechs Giftstoffen gleichzeitig ausgestattet. Ob diese Art von »Aufrüstung« auf dem Acker langfristig Erfolg haben kann, ist zweifelhaft. Insgesamt geraten die Landwirte durch die Agro-Gentechnik in eine Produktionslogik, welche die Industrialisierung der Landwirtschaft immer weiter vorantreibt und die Kosten für das Saatgut vervielfacht, ohne dass es zu bedeutsamen Zuwächsen bei der Ernte oder signifikanten Einsparungen bei den Spritzmitteln kommen würde.

Tatsächlich wurde bisher keine Pflanze entwickelt, die ertragreicher ist als die herkömmliche. Im Gegenteil: Die Ergebnisse der Produktivität transgener Sojabohnen zeigen, dass die herkömmlichen Sojasorten im Vergleich zu den transgenen ertragreicher sind. Dr. Charles Benbrook vom Northwest Science and Environment Policy Center in den USA zeigt die Ergebnisse seiner Studie, in denen die Produktivität transgener Soja im Durchschnitt 2–8 % niedriger ist als die der herkömmlichen. Im ganzen Staat Iowa (USA) macht der Unterschied 3,9 % aus: Die herkömmliche Sojaernte erbrachte im Durchschnitt 4,46 m^3/ha und die transgene 4,29 m^3/ha (Benbrook 2001). Zu ähnlichen Ergebnissen kam eine Studie der Universität von Nebraska in den USA, die während zwei Jahren die Ernte transgener mit herkömmlicher Soja verglich: Die herkömmliche Soja erbrachte in den USA 5–10 % mehr als die genmodifizierte und in manchen Gebieten wie Indiana sogar 22,7 % mehr (John 2003). Auch die Universität von Wisconsin hat ähnliche Ergebnisse festgestellt, wobei sie den Durchschnitt bei experimentellen Sorten und den Unterschied zwischen den fünf produktivsten herkömmlichen und den zwei produktivsten transgenen Sojabohnen vergleicht und ebenfalls einen messbaren Vorteil für die ursprünglichen Sorten konstatiert (vgl. Rankin 2010).

Auswirkungen für Saatgutmärkte: Agrochemie-Konzerne sind keine traditionellen Züchter. Erst die Einführung der Gentechnik mit der Möglichkeit, weitreichende Patente anzumelden und neue Strategien zur Gewinnmaximierung umzusetzen, lieferte diesen Konzernen den Anreiz, in den Markt einzusteigen. Inzwischen dominieren Konzerne wie Monsanto, Dupont, Syngenta, Dow AgroSciences und Bayer den internationalen Saatgutmarkt sogar im Bereich der konventionellen Züchtung. Die Preise für das Saatgut steigen, die Anzahl der Landwirte, welche die eigene Ernte zur Wiederaussaat verwendet, ist stark zurückgegangen. Mögliche Patentverstöße der Landwirte werden unter anderem mithilfe von Detektiven verfolgt. In den USA ist das Angebot an konventionellen Sorten bei Pflanzenarten wie Mais bereits stark eingeschränkt. Auch in Zukunft steht zu erwarten, dass die Entwicklung in den USA von der Logik der Agrochemie-Konzerne geprägt wird und alternative Anbaumethoden, durch die zum Beispiel der Einsatz von Spritzmitteln effektiv reduziert werden könnte, weiterhin vernachlässigt werden.

Auswirkungen auf gentechnikfreie Produzenten: Durch Kontaminationen mit nicht zugelassenen, gentechnisch veränderten Pflanzen ist in den USA bereits ein Schaden von mehreren Milliarden Dollar entstanden. Da Kontaminationen mit für den Anbau zugelassenen gv-Pflanzen nicht systematisch erfasst werden und hier bisher keine Koexistenz- oder Haftungsregeln bestehen, ist eine gentechnikfreie und/oder ökologische Landwirtschaft in manchen Regionen nicht mehr möglich. Die tatsächlichen wirtschaftlichen Schäden, die hier für die gentechnikfreien Produzenten entstanden sind, lassen sich nicht beziffern.

Auswirkungen auf die Verbraucher: Effektive Vorschriften zur Kennzeichnung gentechnisch veränderter Produkte in Lebensmitteln wurden von der US-Industrie bisher verhindert. In der Folge haben die Verbraucher keine echte Auswahl, die Märkte haben sich nicht wie in der EU differenziert. Dies hat umgekehrt Auswirkungen auf die landwirtschaftliche Praxis: Die Verbraucher können durch ihr Kaufverhalten keine wirtschaftlich nachhaltigen Impulse setzen, um den Fehlentwicklungen in der Landwirtschaft gegenzusteuern. Dabei werden die Verbraucher in den USA einer ganzen Reihe von nicht ausreichend untersuchten Risiken ausgesetzt, die in Zusammenhang stehen mit unbeabsichtigten Stoffwechselprodukten in den Pflanzen, den Rückständen der Komplementär-Herbizide und den Eigenschaften der zusätzlich in den Pflanzen gebildeten Eiweißstoffe. Bisher gibt es keinerlei Möglichkeiten, die tatsächlichen Auswirkungen des Verzehrs dieser Produkte zu beobachten. Auch der von der WHO veröffentlichte, über 600 Seiten starke wissenschaftliche Bericht »Pestizide in den Lebensmitteln« kann keinen Beweis für die Schädlichkeit der Pestizide am Menschen erbringen, da ausschließlich Studien mit Tierversuchen ausgewertet wurden. In diesem Bereich ist allerdings mit teilweise schwerwiegenden gesundheitlichen Folgen für Konsumenten von mit Pestiziden angereicherten Futtermitteln zu rechnen, so die WHO im Jahr 2011.

Bleibt allerdings die Frage, ob wir erst darauf warten müssen, bis die Schadstoffe, in welcher Konzentration auch immer, auf unseren Tellern landen. Im Februar 2003 veröffentlichte das Pesticide Action Network, North America, in San Francisco, unter Leitung von M. Reeves eine Studie, die Aufzeichnungen über Krankheitsverläufe der Familienangehörigen der Farmer im Central Valley – Sie erinnern sich, hier werden kalifornische Mandeln geerntet – darlegte. Danach wurden bei Kindern signifikant gehäuftes Auftreten von Erbrechen, Ausschlag, Allergien, Kopfschmerzen, Übelkeit, Erkältung und Schwindel verzeichnet. Zusätzlich zu den Erkrankungen bei Kindern klagten die Mütter über Vergiftungen, Husten, Fieber, Schnupfen, Diarrhoe, brennende Augen, Taubheitsgefühle am gesamten Körper sowie Nasenbluten. Dass an den Zugangsstraßen zu den Mandelplantagen auf großen Schildern vor erhöhter Krebsgefahr gewarnt wird, erwähnt der Film »More Than Honey« eher beiläufig.

Schon im Jahr 2006 warnten Ärzte vor den Folgen des Genusses von gv-Lebensmitteln, wie ANGELA VON BEESTEN in ihrem Beitrag »Gentechnik in Landwirtschaft und Ernährung – Kein Thema für Ärzte?« ausführlich erläuterte. Ein Jahr später veröffentlichte Greenpeace die Ergebnisse einer an 576 Gemüse- und Obstproben durchgeführten Laboruntersuchung: Mehrfach wurden in der EU nicht oder nicht mehr zugelassene Pestizide in vielen gezogenen Proben gefunden; davon betroffen sind sowohl europäische wie auch außereuropäische Länder (vgl. Greenpeace: Illegale Pestizide in Obst und Gemüse, März 2007).

Auswirkungen auf die Umwelt: Der Anbau gentechnisch veränderter Pflanzen ist mit einer erheblichen Steigerung der Ausbringung von Herbiziden verbunden. Auch der Eintrag von bestimmten Insektiziden hat deutlich zugenommen. Insbesondere für den Anbau herbizidresistenter Pflanzen sind ein Rückgang der Biodiversität sowie Auswirkungen auf Böden und die Pflanzengesundheit belegt. Eine Gefährdung der Gesundheit für Menschen in Anbaugebieten, in denen regelmäßig große Mengen von Glyphosat ausgebracht werden, halten verschiedene Wissenschaftler für wahrscheinlich. Nach wie vor nicht ausreichend untersucht sind die Auswirkungen des Anbaus von Insektizid produzierenden Pflanzen auf sogenannte Nichtzielorganismen. Beim Anbau von gv-Raps haben die Pflanzen den Sprung vom Acker in die Umwelt geschafft und entziehen sich damit der Rückholbarkeit und einer effektiven Kontrolle ihrer Auswirkungen auf die Umwelt. Die langfristigen Folgen dieser Auswilderung gentechnisch veränderter Pflanzen können nicht verlässlich abgeschätzt werden.

Auswirkungen für die EU: Bisher gibt es in der EU nur wenige Regionen, in denen gv-Mais angebaut wird. Allerdings stehen eine Reihe weiterer Zulassungsentscheidungen an, darunter auch ein Antrag auf den Anbau herbizidresistenter Soja. Angesichts der Folgen des Anbaus dieser Pflanzen in den USA können diese anstehenden Entscheidungen als richtungweisend für die weitere Entwicklung der Landwirtschaft in der EU angesehen werden. Durch Importe von Millionen Tonnen von Futtermitteln gelangt auch eine große Palette von Produkten aus der US-Landwirtschaft in die Nahrungsmittelproduktion der EU. Mit diesen Produkten geraten auch Rückstände von Pflanzenschutzmitteln und/oder Insektengiften kontinuierlich ins Tierfutter, die bisher in Lebens- und Futtermitteln nicht oder nur in geringeren Mengen vorhanden waren. Welche Auswirkungen das langfristig auf die Gesundheit der Nutztiere und auf die von ihnen gewonnenen Produkte hat, ist nicht ausreichend untersucht. Die Auswirkungen der Patentierung von Saatgut haben die EU längst erreicht. Ausgehend von Patenten auf gentechnisch veränderte Pflanzen werden inzwischen auch konventionelle Züchtungen patentiert und Pflanzenzuchtfirmen aufgekauft. So hält beispielsweise Monsanto bereits erhebliche Anteile am Handel mit Gemüsesaatgut in der EU, obwohl hier kein gentechnisch verändertes Gemüse produziert wird (vgl. ebd.).

Übrigens für alle Aktienliebhaber: Greenpeace hat einen umfangreichen Report mit dem Titel »Die schmutzigen Portfolios der Pestizidindustrie – Produktbewertung

& Vergleich der führenden Agrochemie-Unternehmen (BASF, Bayer, Dow AgroSciences, Monsanto, Syngenta)« verfasst und im Juni 2008 der Öffentlichkeit präsentiert. Der Report zeigt bedeutende Unterschiede zwischen den Pestizid-Portfolios von BASF, Bayer CropScience, Dow AgroSciences, Monsanto und Syngenta bezüglich der negativen Auswirkungen auf Umwelt und Gesundheit auf. Keines der Unternehmen hat ein »sauberes« Portfolio, jedes verursacht hohe Risiken und erhebliche Gesundheits- und Umweltschäden. Die Unternehmen erzielen durch den Pestizidverkauf Umsätze von etwa 18,5 Milliarden Euro pro Jahr (Daten von 2007). Ein großer Teil wird mit hochgiftigen Pestiziden erwirtschaftet. Um diese unverantwortliche Vermarktung von hochgefährlichen Chemikalien zu stoppen, muss die EU die Zulassungen für solche Pestizide zurückziehen. Zudem sollten alle Unternehmen, die aktiv in der Lebensmittelkette involviert sind (z. B. landwirtschaftliche, Lebensmittelhandel), dafür sorgen, dass hochgefährliche Pestizide, die in der Schwarzen Liste von Greenpeace aufgeführt werden, nicht mehr verwandt werden. Die EU und EU-Mitgliedsstaaten müssen die Entwicklung und die Anwendung von nicht-chemischen Alternativen fördern. Eine umfassende Liste der von Greenpeace empfohlenen Maßnahmen ist im Vorwort der Studie enthalten (erhältlich ist der vollständige Report bei Greenpeace e. V., Hamburg. www.greenpeace.de. V. i. S. d. P.: Manfred Krautter, Greenpeace e. V., Große Elbstraße 39, 22767 Hamburg).

5.3 Monokulturen: Zwang zu industrieller Perfektion

Die bisherigen Schilderungen des Agribusiness bedingen geradezu die Anlage von Monokulturen. Damit derartige Feldkulturen überhaupt wirtschaftlich bearbeitet werden können, lohnen sich zum großen Teil nur gigantisch ausgedehnte Felder und Äcker, damit die Spritzmittel möglichst schnell und preiswert ausgebracht werden können, und zwar mit Flugzeugen.

Aus Sicht der Bienen bedeuten derartig einseitige Anpflanzungen eine große Ernährungsarmut. Bienen benötigen ein vielfältiges Angebot an Blüten und damit an Pollen und Nektar, um keine Probleme mit einseitiger Ernährung und damit einhergehenden Gesundheitsrisiken zu bekommen.

Genmanipulation von Pflanzen soll in erster Linie Probleme lösen, die im Zusammenhang mit landwirtschaftlichen Monokulturen erwachsen. Diese sind darauf ausgerichtet, hohe Erträge zu erzielen, während Umweltaspekte keine Rolle spielen. Die Erträge können einerseits durch Unkräuter, die mit der Nutzpflanze um Nährstoffe konkurrieren, andererseits durch Insekten, die als Schädlinge an der Pflanze fressen, geschmälert werden.

Um gegen Unkräuter vorzugehen, werden Pflanzenschutzmittel eingesetzt, die mehrmals im Jahr gespritzt werden. Mithilfe der Gentechnik sind Pflanzen geschaffen worden, die gegen ein spezifisches Pflanzenschutzmittel tolerant sind. Dadurch wird die Bewirtschaftung der Monokulturen einfacher: Die herbizidtoleranten Pflanzen können zu einem beliebigen Zeitpunkt mit dem jeweiligen Pflanzenschutzmittel besprüht werden. Sie überleben, während Unkräuter und andere Pflanzen auf dem Acker absterben. Herbizidtolerante Pflanzen machen mit fast zwei Dritteln den größten Teil der weltweit angebauten gentechnisch veränderten Pflanzen aus.

Um Schädlinge, die sich in Monokulturen besonders stark vermehren, zu bekämpfen, sind mithilfe der Gentechnik insektenresistente Pflanzen hergestellt worden. Jedoch bilden die Schadinsekten ihrerseits Resistenzen gegen das von den Pflanzen produzierte Insektizid aus. Deshalb sind die Bauern in den USA zu einem sogenannten »Resistenzmanagement« verpflichtet: Sie müssen neben dem Feld mit dem genmanipulierten Mais herkömmlichen Mais anbauen, damit sich die Schädlinge dorthin zurückziehen können und nun langsamer eine Resistenz gegen das Insektizid ausbilden.

Monokulturen nehmen den Bienen die für sie notwendige Artenvielfalt.

Doch auch das löst die Probleme nicht, die bei der Bewirtschaftung von Feldern mit insektenresistentem gv-Mais auftreten: Als Folge des durch den gv-Mais verursachten Sterbens der einen Schadinsektenart treten vermehrt andere Arten auf und spielen als Schädlinge eine größere Rolle.

Außerdem führen Monokulturen offenbar zu größeren und häufigeren Insektenplagen als auf ökologisch bewirtschafteten Ackerflächen, wie Dalin et al. (2009) feststellen konnten. Zudem halten sich offenbar nicht alle Landwirte an die Auflagen dieses Resistenzmanagements.

In den letzten Jahren werden vermehrt gv-Pflanzen mit beiden Eigenschaften auf den Markt gebracht: Sie sind tolerant gegen verschiedene Herbizide und produzieren Insektizide. 2010 waren 61 % der angebauten gentechnisch veränderten Pflanzen herbizidtolerant und 17 % insektenresistent. 22 % verfügten über beide Eigenschaften.

Um Ihnen einen Teil der Probleme, die Monokulturen nicht nur für die Bienen mit sich bringen, zu verdeutlichen, sei in der Folge auf einige Berichte eingegangen, die die weitreichenden Folgen der Monokultisierung in verschiedenen Ländern und Erdteilen deutlich machen. Übrigens: Sie werden sehen, es geht nicht nur um landwirtschaftliche Produkte.

Ein Bericht in Colombia Reports vom 18.02.2012 weist auf große Probleme der Monokulturen auf Palmölplantagen in Kolumbien hin: Von den 17 Produktionsanlagen für Palmöl in der kolumbianischen Region Bucaramanga sind drei in Betrieb; in einer anderen Region des Landes funktioniert eine von sieben Anlagen: Dies sind die mit der Monokultur verbundenen Risiken. Denn gegenwärtig sind 30–50 % der Plantagen in Kolumbien von einem Pilz befallen, der den Rohstoff für die Erzeugung von Palmöl drastisch vermindert. Sowohl für die Produzenten als auch für die Verarbeitungsindustrie ist natürlich zu hoffen, dass rasch Lösungen gefunden werden, um die Schäden an den Kulturen zu begrenzen. Dennoch zeigen diese gegenwärtigen Schwierigkeiten der Palmölbranche in Kolumbien deutlich die Schwächen und Risiken auf, welche die Monokultur eines Erzeugnisses in sich birgt.

Zu dieser Anfälligkeit der Monokultur kommen verschiedene Probleme, die gewöhnlich mit dem intensiven Anbau verbunden sind: Verlust der Biodiversität durch den Anbau eines einzigen Produkts, Überbeanspruchung des Bodens durch extrem rationalisierte Bewirtschaftung, die immer mehr Land erfordert, Verlust des Know-hows in Bezug auf traditionelle Kulturen, Verlust der Ernährungssouveränität, d. h. der Fähigkeit, eine diversifizierte regionale Landwirtschaft zu erhalten, die den Ernährungsbedürfnissen der lokalen Bevölkerung entspricht. Dass diese Monokulturen auch andere Tierarten in Ländern rund um den Äquator in ihrer Existenz bedrohen, zeigen Beispiele aus Sumatra, Indonesien, Thailand oder Nigeria, Papua-Neuguinea, um nur einige zu nennen.

Seit geraumer Zeit beabsichtigt Kolumbien den starken Ausbau der Palmölkulturen und sucht nach neuen Absatzmöglichkeiten. Von 150 000 Hektar im Jahr 2000 ist die Anbaufläche bis 2010 bereits auf das Doppelte angewachsen.

Eine Reise durch das Land, die es ermöglicht hat, mit den direkt betroffenen Bauern zu sprechen, zeigt, dass größte Vorsicht angebracht ist. Der Export dieser Biomasse für die Verarbeitung zu Agrotreibstoff würde heute einen echten Mangel an Solidarität mit den Kleinbauern darstellen, die sich um den diversifizierten, natur- und landschaftsschonenden Nahrungsmittelanbau bemühen –, d. h. um eine Produktionsweise, die den Grundsätzen einer ökologischen Landwirtschaft entspricht.

Zudem werden die Schwierigkeiten dieser oft extrem armen Bauern durch die politische Situation des Landes noch verschärft. Wenn man von Aneignung und Beanspruchung von Agrarland spricht, so denkt man in Kolumbien auch an das Schicksal der Menschen, die durch die Gewalt der bewaffneten Gruppierungen – seien es Guerillakämpfer, Paramilitärs oder Banden von Drogenhändlern – vertrieben werden. Schätzungen zufolge handelt es sich dabei heute um zwei bis drei Millionen Personen. Verschiedene Berichte zeigen, dass einige dieser bewaffneten Gruppen von Großgrundbesitzern angeheuert worden sind. Diese profitieren von den unsicheren Besitzverhältnissen, um sich durch Drohungen und Gewalt bis hin zu Erpressung und Mord Kulturland anzueignen. Ganze Dörfer sind in ihrer Existenz bedroht, und die Bauern laufen Gefahr, in die Slums der Großstädte abgedrängt zu werden. Wenn man vom Verschwinden der Nahrungsmittelkulturen spricht, so bedeutet dies – in einem äußerst fruchtbaren Land – auch das Risiko, dass eine ganze Bevölkerung mangelernährt wird, weil sie wegen des fehlenden Zugangs zum Boden nicht mehr in der Lage wäre, sich ausreichend zu ernähren.

Die Beeinträchtigung der Biodiversität ist in einem Land, in dem sich Urwälder mit unzähligen, noch nicht einmal inventarisierten Pflanzen- und Tierarten befinden, besonders gravierend. Da die Entwicklung praktisch nicht mehr umkehrbar ist, wiegen die Probleme, die durch die Palmölmonokultur entstehen, noch schwerer. Ölpalmen erbringen während der ersten drei bis vier Jahre nach der Anpflanzung keine Erträge und müssen nach 25 bis 30 Jahren durch neue Bäume ersetzt werden (vgl. Colombia Reports 18.02.2012, oder lesen Sie nach unter www.greenpeace.de, Stichwort Palmöl).

Wie bereits erwähnt, schwindet in Monokulturen die Artenvielfalt auf fatale Weise. Boomt zum Beispiel das Biogas, werden ökologisch wertlose Maismonokulturen geschaffen, da sich viele Landwirte ein Zusatzeinkommen von der Energiepflanze Mais erhoffen. Da sie seit 2008 nicht mehr gesetzlich verpflichtet sind, 10 % ihrer Fläche stillzulegen, nutzen sie dazu nun unter anderem diese Brachen. Von 2007 auf 2008 halbierte sich der Anteil der Brachflächen. Diese Flächen erfüllen jedoch eine wichtige Funktion in der Kulturlandschaft. Wildgräser und -kräuter siedeln sich dort an, Tiere nutzen sie als Lebensräume, so brüten dort viele Vogelarten und

Insekten finden dort reichlich Nahrung. Brachen tragen zum Erhalt der Artenvielfalt bei. Sicher wäre es sinnvoll und notwendig, zumindest Teile der Brachflächen zu erhalten, um keinen Artenrückgang zu riskieren. Besonders in den Grenzzonen zu Kleingewässern sowie an Waldrändern und Hecken bietet es sich an, breite Saumstrukturen von 10–20 m zu schaffen. Diese verbessern die Lebensraumbedingungen in der Agrarlandschaft. Hinzukommen müsste eine durchdachte Fruchtfolge, die das Risiko für Pflanzenkrankheiten verringern würde, die Pilze oder tierische Schädlinge verursachen. Vor etwa 10 000 Jahren begannen die Menschen, systematisch Pflanzen anzubauen: Verschiedene Sorten sind an unterschiedliche klimatische oder geographische Bedingungen angepasst, oder sie besitzen Resistenzen gegen bestimmte Schädlinge und Krankheiten. Diese Artenvielfalt sollte eigentlich die Grundlage jeder zukünftigen Züchtung sein. Gv-Pflanzen gefährden die schon stark bedrohte Arten- und Sortenvielfalt. Durch die Konzentration auf wenige Gentechniksorten schrumpft der Genpool der landwirtschaftlichen Nutzpflanzen immer schneller, standortangepasste Lokalsorten werden verdrängt. Inzwischen sind sogar Saatgutbanken mit transgenem Material kontaminiert. Belegt sind der Erhalt der Biodiversität und der ökologischen Multifunktionalität, wenn das Land von Kleinbauern bewirtschaftet wird, wie J. Sirecely und S. Naeem in ihrer Untersuchung aus dem Jahr 2012 feststellten, die sie in Kenia durchführten.

5.4 Golfplätze

Auch immergrüne Landschaften sind nicht immer ökologisch wertvoll und sinnvoll. Dazu gehören Golfplätze. Je mehr Anhänger diese Sportart findet, desto stärker wird der Wunsch, noch mehr Golfplätze zu bauen. Leider stellen sie eine ökologische Katastrophe dar. Ähnlich wie das Siedlungswachstum trägt der Golfsport zum Verlust von Kulturlandfläche bei. Und in ärmeren Ländern unserer Erde haben diese Sporteinrichtungen nichts mit Nachhaltigkeit zu tun. Warum? Nehmen wir das Beispiel Vietnam. 1970 gab es dort zwei Golfplätze, heute werden fast 50 Golfplätze pro Jahr genehmigt. Die massenhafte Golfplatzausdehnung hat zur Vertreibung Tausender Bauernfamilien geführt, die für den Reisanbau auf ihren Ländereien und damit für die Landesversorgung mit Reis gesorgt haben. Dieser Golfplatzboom hat zu einem Massentourismus aus Japan und Südkorea geführt, weil dort die Plätze schon lange überlaufen sind.

Ganz gleich, in welches Land der Erde man schaut, die Probleme der Golfplätze sind überall gleich: (Farm-) Land und/oder Wälder werden vernichtet, ungeheure Mengen an Wasser und Pestiziden werden benötigt, die wiederum Luft, Boden und Wasser verunreinigen. Und die riesigen Rasenflächen sind zwar wunderschön anzuschauen, aber leider ökologisch wertlos und haben mit Nachhaltigkeit oder gar Biodiversität nicht mehr viel zu tun. Diese Rasenflächen verschlingen enorme

Landabschnitte, zerstören Wälder sowie Küsten- und Meeresregionen. Für qualitativ gute Golfplätze benötigt man importiertes Gras, Dünger und eine breite Palette von Chemikalien wie Färbemittel, Bodenhärter und Koagulantien. Dazu kommt das jährliche Besprühen mit Tonnen von Insektiziden, Herbiziden und Fungiziden, die alle zur Verschmutzung und Verarmung der lokalen Umgebung beitragen. Für unsere Bienen bleibt da nicht mehr viel übrig.

Da erscheint der Bericht »Bundesministerin Aigner fordert in Phöben Artenvielfalt« von Jens Steglich in der Märkischen Allgemeinen vom 04.07.2012 als ein Tropfen auf den heißen Stein. Er schreibt dort: »Beifuß, Rainfarn, Glockenblumen und Steinklee könnten einen Beitrag zum Gelingen der Energiewende leisten. Diese Wildpflanzen wachsen unter anderem auf einem Feld bei Phöben, das gestern Bundeslandwirtschaftsministerin Ilse Aigner (CSU) besuchte. Ihr Ministerium gibt 40 Millionen Euro aus, um die Erforschung alternativer Energiepflanzen in über 100 Projekten bundesweit zu fördern. Die Wildpflanzen bezeichnete Aigner als Alternativen zum Mais, der bei der Erzeugung von Bioenergie momentan dominiert. Laut Ministerium sind rund 80 % der Pflanzen, die für die Erzeugung von Bioenergie genutzt werden, Mais. Das soll sich ändern, auch, um die Böden zu schonen und die natürliche Vielfalt nicht zu gefährden. ‚Es wird immer wieder über eine Vermaisung der Landwirtschaft gesprochen', sagte Aigner und fügte hinzu: ‚Wir brauchen Energiepflanzen, müssen aber unsere Landschaft in ihrer Vielfalt und als Ort der Erholung erhalten'.«

Die Vorteile der Wildpflanzen als Energiequelle kennt Joachim Zeller. Das mit Beifuß und Rainfarn bestellte Feld bei Phöben gehört seiner Saatgutfirma, die zusammen mit der Bayerischen Landesanstalt für Wein- und Gartenbau an einem geförderten Projekt beteiligt ist. Diese Wildpflanzen landen indes nicht als Biomasse in einer Biogasanlage. Das Feld zwischen Phöben und Schmergow liefert vielmehr das Saatgut für Biogaslandwirte, die eben nicht mehr nur Mais anbauen wollen. Laut Zeller vermindert der Anbau von Wildpflanzen die Bodenerosion deutlich, die als Folge von intensivem Maisanbau immer wieder beklagt wird. Zudem sinke der Einsatz von Düngemitteln und das Risiko von Wildschäden. Wildschweine plündern in der Regel Maisfelder, »Wildkräuter mögen sie nicht«.

Andere Tiere hingegen finden auf den Wildpflanzenfeldern wertvollen Lebensraum, sagte Zeller. Er nannte Bienen, Ameisen, Vögel und Fledermäuse, die diese Wiesen als Rückzugs- und Futterorte nutzen. Und die Schönheit der blühenden Landschaften schaffe bei der Bevölkerung mehr Akzeptanz für die Bioenergieerzeugung.

Auf den ersten Blick wunderschön: Golfplätze mit ihrem »englischen Rasen« sind eigentlich biologisch tot, wenn auch, wie hier, eine gewisse Durchmischung mit Bäumen erfolgt.

Ein trauriges Bild: Ein komplett totes Bienenvolk liegt auf dem Beutenboden.

Allerdings kann man auf einem Wildpflanzenfeld momentan noch nicht so viel Biomasse produzieren wie auf einem Maisfeld. Zeller sprach von 75 % Leistung im Vergleich zum Mais. Zeller sieht aber Luft nach oben: Die Wildpflanzen seien »züchterisch noch nicht bearbeitet«, sagte er. »Wir brauchen eine Auslese-Züchtung, dann können wir die Erträge erhöhen.« Ein Hektar Wildpflanzenfeld liefert derzeit etwa so viel Biomasse, dass ein Haushalt mit vier Personen ein Jahr mit Strom versorgt werden kann.

Zeller kündigte beim Aigner-Besuch an, dass seine Firma auf einem Areal bei Phöben eine Aufbereitungsanlage für das Saatgut bauen wird. Die Anlage ist seit 2013 in Betrieb. Jetzt muss das Saatgut vom Phöbener Feld nicht mehr in eine Anlage nach Bayern transportiert werden. Das spart Kosten und Energie. Soweit ein kleiner Blick auf eine positive Entwicklung.

5.5 Schlussfolgerungen der UNO

Aus den eindeutigen, unzweifelhaften Forschungen und Ereignissen der letzten Jahrzehnte zog die UNO eine ernüchternde Bilanz. Der Bericht des UNO-Ernährungsprogramms (UNEP Emerging Issues 2010) machte auf die dramatischen Zustände des globalen Bienensterbens aufmerksam.

Es wurde darauf hingewiesen, dass die Nahrungsgrundlage der Menschheit bedroht ist und es nicht einfach werden dürfte, Gegenmaßnahmen zu finden. Erstmalig weist der Bericht nachdrücklich darauf hin, dass das Bienensterben inzwischen zu einem globalen Problem geworden ist: So sind neben den USA, Südamerika und Europa auch Japan, China und Ägypten betroffen. Die Summe aller weltweiten Bienenverluste ergebe ein dramatisches Bild. Der Bericht weist die systemischen Insektizide, den Klimawandel mit unverhoffter Trockenheit sowie immensen Regenmengen, den Verlust von ca. 20 000 Pflanzenarten und die intensive Reisetätigkeit als sogenannte »Cocktail Effekte« für das massive Bienensterben aus.

Achim Steiner, der Executive Director des UNEP-Programms, wörtlich: »Bienen unterstreichen, dass es eine Realität ist, dass die Menschheit mehr denn je vom Naturservice der Bienen abhängt, da 100 Pflanzenspezies zur Ernährung von 90 % der Weltbevölkerung dienen, von denen 70 % unbedingten Bestäubungsbedarf durch Bienen haben.« Stelle die Menschheit ihre Bewirtschaftung der Erde nicht nachhaltig um, dann werde sich die Situation der Bienen weiter verschlechtern, so das Fazit des UNEP-Berichts. Der Bericht wurde durch Dr. Peter Neumann vom Schweizer Bienenforschungszentrum und Dr. Marie-Pierre Chauzat der französischen Agentur für Ernährung und Gesundheit geleitet; beteiligt war außerdem Dr. Jeffrey Pettis vom US-Department des Landwirtschaftlichen Forschungsservice.

5.6 Schlussfolgerungen der EU

Nachdem die Weltorganisation sozusagen eine klare und eindeutige »Vorlage« gegeben hatte, könnte man annehmen, dass die EU-Gremien dem nicht nachstehen wollten und wollen. Leider ist das Gegenteil der Fall. Man hat den Eindruck, dass auch in Europa die teilweise erschreckenden Ausmaße des Bienensterbens erst »erprobt« werden sollen, um dann Jahre später – trotz aller Erfahrungen in den USA als dem weltweit größten Freilandversuchslabor für gv-Pflanzen und Anwendung systemischer Insektizide mit Menschen, Flora und Fauna als Versuchskaninchen – einzugestehen, dass es dringenden Handlungsbedarf gibt, um das Bienensterben aufzuhalten. Laut EU-Gremien bestehe weiterer, intensiver Forschungsbedarf, um ein endgültiges Verbot für systemische Insektizide aus der Kategorie der Neonicotinoide aussprechen zu können. Es drängt sich zusätzlich der Verdacht auf, dass die wichtigsten Entscheidungsgremien der EU durchsetzt sind mit Lobbyisten der Agrochemieindustrie, was sich in den folgenden Ausführungen leider bestätigen wird. Damit wird auch verständlich, warum der Betrachter von außen den Eindruck nicht los wird, hier wird »herumgeeiert«, damit keine klaren Entscheidungen zu Ungunsten der Chemiekonzerne gefasst werden müssen.

An dieser Stelle sei auf verschiedene Berichte und Feststellungen hingewiesen, die, um es vorsichtig auszudrücken, eine gewisse Nähe der Entscheidungsträger zur Agrochemieindustrie sowohl auf Bundes- als auch auf EU-Ebene vermuten lassen.

Die europäische Behörde EFSA im italienischen Parma steht schon seit Längerem wegen ihrer engen Verbindungen zur Nahrungsmittelindustrie in der Kritik, kürzlich verweigerte das EU-Parlament der Behörde sogar die Entlastung für den Haushalt. Eine besondere Rolle spielt dort das International Life Science Institute (ILSI). Die Organisation gibt sich als unabhängiges wissenschaftliches Institut aus, wird allerdings von Unternehmen der Lebensmittelindustrie, Gentechnikunternehmen und Agrarfirmen finanziert. Die Verbindungen zwischen ILSI und EFSA sind so eng, dass sie vor Kurzem zu einem Eklat führten: Als die Vorsitzende des Verwaltungsrats der Behörde, Diana Banati, ankündigte, zusätzlich den Vorsitz von ILSI Europe zu übernehmen, forderte die EFSA sie auf, ihren Behördenposten zu räumen.

Ähnliche Vorwürfe sind auch deutschen Behörden zu machen: Die Industrie soll sich in den wissenschaftlichen Gremien jener Bundesinstitute festgesetzt haben, die Empfehlungen über die Zulassung von gentechnisch veränderten Pflanzen verfassen. 17 Experten säßen gleichzeitig an zentraler Stelle der staatlichen Expertengremien und in industrienahen Organisationen, heißt es in dem Testbiotech-Report von Then & Bauer-Panskus (2012): »Hier ist vom Versuch einer systematischen Einflussnahme auf staatliche Institutionen und die öffentliche Meinung auszugehen«.

Besonders problematisch finden Then & Bauer-Panskus, dass viele der Kommissionsmitglieder ihre Verbindungen zur Industrie nicht offenlegen, obwohl die BfR sie dazu verpflichtet, einen Fragebogen über mögliche Interessenkonflikte auszufüllen. So habe etwa die Vorsitzende der Kommission für genetisch veränderte Lebens- und Futtermittel, Inge Broer, verschwiegen, dass sie unter anderem an der Anmeldung von Patenten der Firma Bayer auf herbizidtolerante, gentechnisch veränderte Pflanzen mitgewirkt habe und dass sie als Gesellschaftervorsitzende der Biovativ GmbH und Gesellschafterin der BioOK GmbH fungiere. Die beiden Unternehmen bieten ihre Dienstleistungen auch für Saatgutkonzerne wie Monsanto an. Außerdem sei sie Mitautorin einer Broschüre der Deutschen Forschungsgesellschaft, die einseitig die Vorteile der Agrogentechnik hervorhebe. In dem vorgelegten Bericht sind allein in Deutschland neun Personen mit ihren persönlichen Verflechtungen mit der Agrochemieindustrie namentlich genannt (vgl. auch die Süddeutsche.de vom 25.05.2012, http://gennetz.wordpress.com/category/gvo, www.projektwerkstatt.de/gen/konzerne und www.projektwerkstatt.de/gen/filz_behoerden).

5.7 Die Gentechnik-Lobby in der EU-Lebensmittelbehörde

Gentechnisch veränderte Pflanzen können lange Dürreperioden überstehen, Schädlinge abwehren und mehr Ernte abwerfen als ihre naturbelassenen Artgenossen. Für Mensch und Umwelt kann das auch negative Folgen haben. Welche Risiken Lebensmittel aus gentechnisch veränderten Pflanzen mit sich bringen, soll das Gentechnik-Gremium der Europäischen Behörde für Lebensmittelsicherheit (EFSA) bewerten. Sie hat die Aufgabe, die Europäische Kommission, das Europäische Parlament und die EU-Mitgliedstaaten im Hinblick auf Rechtsvorschriften für Lebensmittel- und Futtermittelsicherheit zu beraten. Über die Zulassung einer neuen gentechnisch veränderten Pflanze entscheiden zwar Kommission und Parlament, doch diese richten sich dabei nach den Empfehlungen der EFSA. Denn die Gremien der EFSA setzen sich aus wissenschaftlichen Experten zusammen, die mögliche Risiken in ihrem Fachbereich besonders gut einschätzen können sollen.

Die Unabhängigkeit der EFSA wird jedoch von verschiedenen Seiten angezweifelt. So veröffentlichte der europäische Bürgerbeauftragte im Dezember 2011 eine Stellungnahme, in der die EFSA deutlich kritisiert wird und strengere Maßnahmen gegen sogenannte »Revolving Doors« – Personen, die sowohl bei der Gesetzgebung oder Beratung und in der Industrie involviert sind – gefordert werden. Der EFSA wird vorgeworfen, dass zehn von einundzwanzig Mitgliedern ihres Gremiums für genetisch veränderte Organismen (GVO) in enger Verbindung zur Lebensmittelindustrie oder zu Gentechnik-Lobbyorganisationen stünden.

Aus Berichten der Nichtregierungsorganisationen Corporate Europe Observatory (CEO) und Testbiotech geht hervor, dass mehrere Mitglieder an Forschungsprojekten beteiligt waren, die von Lebensmittel- oder Chemiekonzernen wie Nestlé, BASF, Bayer CropScience, Monsanto, Kraft und Unilever finanziert wurden. Recherchen der Initiative Nachrichtenaufklärung (INA) bestätigen dies – und zeigen, dass mindestens zehn Personen ihren Lebensunterhalt in der Gentechnikindustrie verdienen und auf Veranstaltungen und in Beiträgen für gentechnisch veränderte Pflanzen und Lebensmittel werben (Die Gentechnik-Lobby in der EU-Lebensmittelbehörde, www.derblindefleck.de/index.php/2012/07/02/).

Der Vorsitzende des Gentechnikgremiums Harry Kuiper ist zum Beispiel Mitarbeiter bei ILSI (International Life Science Institute) und kooperierte dort laut Testbiotech mit Vertretern von Konzernen wie Monsanto, DuPont, Dow AgroSciences, Syngenta und Bayer in Projekten, die zu einer vereinfachten Marktzulassung von gentechnisch veränderten Pflanzen führen sollen.

Joe Perry, Vizevorsitzender des Gremiums, hat am Agrarforschungsinstitut Rothamsted Research gearbeitet, welches laut CEO von Syngenta, BASF, Bayer und Monsanto gesponsert wird. Detlef Bartsch machte in den 1990er-Jahren PR für Monsanto und trat 2002 in einem Werbefilm für Genmais auf.

Angesichts dieser teils engen Verbindungen zur Industrie erscheint es fraglich, wie unabhängig und wissenschaftlich das Gentechnik-Gremium der EFSA die Risiken der gentechnisch veränderten Pflanzen und Lebensmittel tatsächlich einschätzen kann. Die Interessenkonflikte der Mitglieder werden auf der Internetseite der

EFSA veröffentlicht, und die Mitglieder müssen darüber hinaus bei jeder Sitzung des Gremiums spezielle Interessenkonflikte angeben, die sie im Hinblick auf die Tagesordnungspunkte beeinflussen könnten.

Aus Sicht der EFSA reichen diese Maßnahmen sowie die Unterzeichnung eines »Commitment to Independence« aus, um die Unabhängigkeit der Mitglieder zu gewährleisten. Laut der Pressesprecherin Lucia de Luca sei die Unabhängigkeit auch dadurch gesichert, dass jede Entscheidung vom gesamten Gremium, und nicht nur von einem Mitglied, getroffen werde. In den Gutachten und Empfehlungen bleiben die Interessenkonflikte jedoch unerwähnt.

Eine Veröffentlichung der Interessenkonflikte ohne weitere Konsequenzen stellt nicht sicher, dass die Entscheidungen des Gremiums unabhängig von wirtschaftlichen Interessen getroffen werden. Denn die EFSA-Mitglieder und ihre wirtschaftlichen Verbindungen stehen nicht im Fokus einer kritischen Öffentlichkeit, ihre Entscheidungen werden in der Regel übernommen.

Gerade weil 61 % der Europäer nicht wollen, dass die Entwicklung gentechnisch veränderter Pflanzen gefördert wird, und mehr als die Hälfte meint, dass deren Anbau für künftige Generationen sogar bedenklich sein könnte (laut einer Eurobarometerumfrage der Europäischen Kommission von 2010), sollte die EFSA mehr denn je uneigennützig die Interessen von Verbrauchern schützen, indem sie Produkte auf mögliche Risiken untersucht. Sie hat beratende Funktion und erstellt Gutachten und Empfehlungen für politische Entscheidungsträger wie die Europäische Kommission, das Europäische Parlament und die EU-Mitgliedstaaten. Diese müssen sich zwar nicht nach den Gutachten der EFSA richten – so verbot etwa die damalige Bundeslandwirtschaftsministerin Ilse Aigner den Anbau der Maissorte MON810 der Firma Monsanto, weil das Bundesumweltministerium diese Sorte als Gefahr für die Umwelt einstufte, obwohl die EFSA sie freigegeben hatte –, doch in der Regel tun sie es. Umso wichtiger ist es, dass sie ihre Entscheidungen unabhängig und nach bestem Wissen trifft.

Fehlentscheidungen der EFSA können soziale und ökonomische Risiken, aber auch Gefahren für die Umwelt und die Gesundheit des Konsumenten nach sich ziehen und sind daher für uns in Europa und für kommende Generationen von großer Bedeutung. Was in Brüssel passiert, muss mehr ins Blickfeld der Öffentlichkeit gelangen. Es geht alle Europäer etwas an.

Seit geraumer Zeit wird viel und ausführlich über die EFSA, ihre Strukturen und ihre Mitglieder berichtet – journalistische Kontrolle, die hoffentlich dauerhaft sein wird. Denn obwohl die EFSA eine der wichtigsten Behörden in Sachen Lebensmittelsicherheit in Europa ist, wurde zuvor über sie – wie über alle EU-Behörden – in deutschen Medien relativ wenig berichtet. Wenn sie in den Medien auftauchte, wurde sie meist nur nebenbei erwähnt. Mit ihrer Funktion beschäftigten sich wenige Berichte und noch weniger kritisch mit den Experten, die in ihren Arbeitsgruppen Empfehlungen für europäische Entscheidungsträger erarbeiten. Selbst verschiedene Tagungen in Brüssel, in denen es unter anderem um die Unabhängigkeit der EFSA ging, fanden kaum einen Weg in die Berichterstattung deutscher Medien und das, obwohl der europäische Ombudsmann die Kritik sogar öffentlich gemacht hat. Außerdem fand das Thema oft »nur« in den Wissenschaftsformaten der Medien Platz. Mit der Lobbyistin Mella Frewen als Vorstands-Vorschlag fand das Thema EFSA Eingang in die aktuellen Nachrichten und die Politikteile. Anhand einer Auswahlliste können Sie selbst erkennen, wie massiv und virulent dieses Problem der Interessenkonflikte zwischen Agrarindustrie und Verbraucherschutz wirklich ist:

- www.corporateeurope.org/sites/default/files/publications/Amflora_COI_report_2011.pdf
- www.corporateeurope.org/news/efsa-conflicts-interest-board
- www.testbiotech.de/sites/default/files/EFSA_ILSI_Spielwiese.pdf
- www.taz.de/!65132/ und Kommentar am 16.01.2012
- www.testbiotech.de/sites/default/files/decisionOmbudsman_0.pdf
- www.efsa.europa.eu/en/edinterviews/docs/corporateombudsman111213.pdf
- www.ardmediathek.de/ard/servlet/content/3517136?documentId=865942

Man fragt sich vor diesem Hintergrund, wann sich tatsächlich etwas ändert, denn auch die Auswertung der EFSA vom 23.05.2012 zu den neuesten wissenschaftlichen Erkenntnissen zu den von Pestiziden ausgehenden Risiken für Honigbienen, Hummeln und Solitärbienen kommt keineswegs zu dem Schluss, alle Genehmigungen zum Einsatz von Neonicotinoiden zurückzuziehen. Auf Grundlage dieser wichtigen Arbeit können spezifische Leitlinien für die Bewertung möglicher Risiken entwickelt werden, die sich aus dem Einsatz von Pflanzenschutzmitteln für Bienen ergeben. Die Leitlinien werden aktuelle Empfehlungen für alle enthalten, die sich mit der Bewertung von Pflanzenschutzmitteln und ihrer Wirkstoffe befassen, einschließlich der Industrie und Behörden.

Der Pestizid-Einsatz wird häufig als einer der möglichen Faktoren genannt, die in Teilen der Welt zum Rückgang von Bienenpopulationen beitragen – neben anderen Faktoren wie Erkrankungen, Parasiten, Klimawandel und sonstigen Umweltfaktoren sowie den Auswirkungen genetisch veränderter Organismen. Dieser Rückgang gibt Anlass zu Bedenken, da Bienen, und speziell Honigbienen, eine wichtige Rolle bei der Bestäubung einer großen Zahl unterschiedlicher Nutz- und Wildpflanzen spielen. Nach Schätzungen ist die Produktion von nahezu 80 % der 264 in der Europäischen Union angebauten Nutzpflanzen direkt auf die Bestäubung durch Insekten (meist Bienen) angewiesen; der finanzielle Wert der Bestäubung wird weltweit auf mehrere Milliarden Dollar pro Jahr geschätzt.

In Anbetracht der Bedeutung von Bienen für das Ökosystem und die Lebensmittelkette und angesichts der vielfältigen Dienste, die sie für uns Menschen leisten, ist der Schutz der Bienen unverzichtbar. Im Rahmen ihres Auftrags, die Lebensmittelsicherheit in der EU zu verbessern, die Tiergesundheit und den Tierschutz zu sichern und ein hohes Maß an Verbraucherschutz zu gewährleisten, kommt der EFSA eine bedeutende Rolle bei der Sicherung des Überlebens von Bienen zu.

Derzeit entwickeln die wissenschaftlichen Sachverständigen der EFSA in den Bereichen Pestizide, Tier- und Pflanzengesundheit sowie genetisch veränderte Organismen ein koordiniertes Arbeitsprogramm, das speziell auf Bienen abgestellt ist. Außerdem hat die Behörde Lücken bei der Risikobewertung und Datenerhebung ermittelt. Und schließlich wurden im Laufe des Jahres 2013 mehrere Stellungnahmen veröffentlicht, die einen Zusammenhang zwischen Neonicotinoiden sowie anderen Schadstoffen und dem Überleben von Bienenvölkern nahelegen (alle nachzulesen unter www.efsa.europa.eu/de/news/press.htm).

Da erstaunt es umso mehr, dass es eine ganze Weile hat es gedauert, bis die EFSA sich am 16.01.2013 genötigt sah, die nachfolgende Pressemitteilung »EFSA identifiziert Neonicotinoid als Risiko für Bienen« herauszugeben (www.efsa.europa.eu/de/press/news/130116.htm), die aufgrund ihrer Bedeutung hier ausführlicher zitiert werden soll:

»Die Behörde wurde von der Europäischen Kommission mit der Bewertung der Risiken im Zusammenhang mit der Verwendung von Clothianidin, Imidacloprid und Thiamethoxam zur Saatgutbehandlung bzw. in Form von Granulat ersucht; dabei lag besonderes Augenmerk auf deren akuten und chronischen Wirkungen im Hinblick auf das Überleben und die Entwicklung von Bienenvölkern, den Auswirkungen auf Bienenlarven und das Bienenverhalten sowie auf den durch subletale Dosen dieser drei Wirkstoffe bedingten Risiken. In einigen Fällen konnte die EFSA aufgrund von mangelnden Informationen die Risikobewertung nicht abschließen.

Die Risikobewertungen konzentrierten sich auf drei wesentliche Expositionspfade: Exposition durch Rückstände in Nektar und Pollen der Blüten behandelter Pflanzen, Exposition durch Stäube, die bei der Aussaat behandelten Saatguts oder beim Streuen von Granulat entstehen, sowie Exposition durch Rückstände in der Guttationsflüssigkeit von behandelten Pflanzen. In den Fällen, in denen es der EFSA möglich war, die Risikobewertungen abzuschließen, kam sie gemeinsam mit wissenschaftlichen Sachverständigen aus den EU-Mitgliedstaaten für alle drei Wirkstoffe zu folgendem Schluss:

- Exposition durch Pollen und Nektar: Nur die Verwendung bei Nutzpflanzen, die für Honigbienen uninteressant sind, wurde als akzeptabel erachtet.
- Exposition durch Stäube: Ein Risiko für Honigbienen bestand bzw. konnte nicht ausgeschlossen werden, mit einigen Ausnahmen, wie bei der Verwendung für Zuckerrüben oder Nutzpflanzen, die in Gewächshäusern angebaut werden, und bei der Verwendung einiger Granulatformen.

- Exposition durch Guttation: Nur die Risikobewertung für mit Thiamethoxam behandelten Mais konnte abgeschlossen werden. Hier zeigen Feldstudien eine akute Wirkung auf Honigbienen, die dem Wirkstoff mittels Guttationsflüssigkeit ausgesetzt waren.

(...) Alle diese Faktoren haben dazu geführt, dass die Wissenschaftler der EFSA die Risikobewertungen für manche der in der EU zugelassenen Verwendungen nicht abschließen konnten; es wurden eine Reihe von Datenlücken festgestellt, die erst geschlossen werden müssen, damit eine weitergehende Bewertung der potenziellen Risiken (...) für Bienen möglich ist.«

In den sich anschließenden Anmerkungen und Hinweisen für die Presse heißt es aber schon wieder relativierend und einschränkend:

»Die EFSA war nicht an den Bewertungen beteiligt, die der Zulassung von Clothianidin und Thiamethoxam vorausgingen; (...) Im Jahr 2012 veröffentlichte die EFSA eine Schlussfolgerung speziell zu Thiamethoxam, bei der Daten zur Exposition von Bienen berücksichtigt wurden, die der Antragsteller nach Erteilung der Zulassung eingereicht hatte. Die EFSA war am Peer Review von Imidacloprid beteiligt, das vor Zulassung des Wirkstoffs erfolgte. In ihrer Schlussfolgerung aus dem Jahr 2008 identifizierte die EFSA eine Reihe kritischer Problembereiche: Für Bienen, Vögel, Säugetiere, Wasser- und Bodenorganismen wurde anhand der vorliegenden Daten ein hohes Risiko ermittelt bzw. konnte nicht ausgeschlossen werden.

In Anbetracht der Bedeutung von Bienen für das Ökosystem und die Nahrungskette sowie im Hinblick auf die vielfältigen Dienste, die sie für den Menschen erbringen, ist ihr Schutz unbedingt erforderlich. Aufgrund ihres Auftrags, die Lebensmittelsicherheit in der EU zu verbessern und ein hohes Maß an Verbraucherschutz zu gewährleisten, kommt der EFSA bei der Sicherung des Überlebens der Bienen eine wichtige Rolle zu. (...) Weitere Arbeiten, die sich speziell auf Bienen beziehen, umfassen den Leitfaden des PPR-Gremiums zur Bewertung der Risiken durch Pflanzenschutzmittel für Bienen, der im Frühjahr 2013 veröffentlicht wurde, sowie ein wissenschaftliches Gutachten, das derzeit vom Gremium für Tiergesundheit und Tierschutz zum Risiko der Einschleppung von zwei Bienenschädlingen in die EU und deren dortigen Ausbreitung fertiggestellt wird. Bei diesen Bienen befallenden Parasiten handelt es sich zum einen um den Kleinen Beutenkäfer (*Aethina tumida*) und zum anderen um asiatische Milben der Gattung *Tropilaelaps*. (...)«. Zu bemerken bleibt, dass das Neonicotinoid Acetamiprid sowie Fipronil und Glyphosat nicht benannt werden.

Dennoch sollte ein wichtiger Schritt in Richtung Verbote der Neonicotinoide nicht unerwähnt bleiben: Am 30.04.2013 meldete die britische Tageszeitung »The Independent« einen Riesenerfolg für die Internetgemeinde AVAAZ, die es geschafft hatte, mit über 2,6 Millionen Unterschriften, E-Mails, Anrufen sowie Aktionen in London, Brüssel und Köln innerhalb kürzester Zeit große Teile Europas zu mobilisieren, um mithilfe ihrer Petition die EU-Kommission zu bewegen, zunächst für zwei Jahre die weitere Genehmigung der Neonicotinoid-Pestizide in der EU auszusetzen, um dann die Wirksamkeit dieses Verbotes zu überprüfen. Ein langer, beharrlicher Kampf gegen diese Umweltgeißel, der sicher seine Fortsetzung gegen die übermächtigen Interessen der Agrargiganten finden wird und muss, soll dieses vorübergehende Verbot einen dauerhaften Bestand haben. Wenn Sie sich selbst ein Bild von dem überragenden Medienecho dieses Erfolges machen wollen, seien Ihnen an dieser Stelle einige Quellen genannt:

- »EU verbietet Pflanzenschutzmittel« (ZDF): www.zdf.de/ZDFmediathek/#/beitrag/video/1891730/EU-verbietet-Pflanzenschutzmittel
- »Im Kampf gegen Bienensterben drei Pestizide vor Verbot« (Die Welt): www.welt.de/newsticker/news1/article115705808/Im-Kampf-gegen-Bienensterben-drei-Pestizide-vor-Verbot.html
- »EU will für Bienenschutz drei Pestizide verbieten« (Deutsche Welle): www.dw.de/eu-will-f%C3%BCr-bienenschutz-drei-pestizide-verbieten/a-16779323
- »Teilverbot von bienengefährdenden Pestiziden erwartet« (Der Tagesspiegel): www.tagesspiegel.de/weltspiegel/streit-um-agrargifte-teilverbot-von-bienengefaehrdenden-pestiziden-erwartet/8135662.html
- »Umweltgifte: Pestizid-Verbot soll Bienen retten« (Spiegel Online): www.spiegel.de/wissenschaft/mensch/umweltgifte-pestizid-verbot-soll-bienen-retten-a-880818.html

6 Auswege

Trotz oder gerade wegen dieser geschilderten Missstände soll ein Nachdenken über mögliche Auswege aus dieser ernstzunehmenden Bedrohung der Bienen – sozusagen stellvertretend für den ungehemmten Raubbau an unserer Erde – nicht ausbleiben.

Wenn wir vorn beginnen, sollte eine Wiederansiedlung der in den Ländern üblichen und angestammten Bienenarten möglich sein mit möglichst naturgemäßer Bienenhaltung. Damit ist gemeint, dass die Bienen ihrer Jahrmillionen alten Natur entsprechend gehalten und schonend behandelt werden, als treuer Freund des Menschen, der die Wohltaten aus dem Bienenstock nutzen möchte.

Dazu gehört auch, dass sich Gemeinden mit den Landwirten zusammensetzen, um über die Ausweisung von »Bienenweiden« in den landwirtschaftlich genutzten Flächen mit wenigem und im Jahresverlauf spätem Mähen, eben bienenfreundlich, zu verhandeln. Dass dies im Zusammenspiel der verschiedenen Interessengruppen machbar ist, zeigt ein nachahmenswertes Beispiel »Wegeplan mit multifunktionalen Eigenschaften« der Verbandsgemeinde Nastätten, der in Zusammenarbeit mit dem Dienstleistungszentrum Westerwald-Osteifel des Landes Rheinland-Pfalz erarbeitet und umgesetzt wurde (unter www.landentwicklung.rlp.de). Dazu gehört selbstverständlich auch ein spätes Mähen der sonstigen Weg- und Straßenränder, um in trachtarmen (blütenarmen) Zeiten den Bienen dennoch eine Futtersuche zu ermöglichen.

Bei der Suche nach weiteren Auswegen sollte sich die Agrarwirtschaft zu einem zentralen Motor hin zu einer ökologischen verbrauchernahen Landwirtschaft entwickeln.

Dazu hat sich schon im Jahr 2005 der Weltagrarrat (International Assessment of Agricultural Knowledge, Science and Technology for Development, IAASTD) seine Gedanken gemacht und die Ergebnisse einer dreijährigen Beratung von 400 Wissenschaftlern und Vertretern von Nicht-Regierungs-Organisationen aus 110 Ländern veröffentlicht. Sie alle kamen zu dem Schluss, klein dimensionierte organische Landwirtschaft sei der richtige Weg, um Hunger, soziale Ungleichheit und Umweltschäden zu bekämpfen, und nicht, wie gebetsmühlenartig seitens der Industrievertreter immer wieder vorgetragen, Monokulturen und Gentechnik mit all ihren negativen Facetten, wie wir gesehen haben. Auch hier lohnt sich ein Blick in die Kernaussagen dieses Berichtes:

- Um den Herausforderungen der Zukunft gewachsen zu sein, bedarf es eines radikalen und systematischen Wandels in der landwirtschaftlichen Forschung, Entwicklung und Praxis.
- Der entscheidende Faktor zur Bekämpfung des Hungers ist nicht die Steigerung der Produktivität um jeden Preis, sondern die Verfügbarkeit von Lebensmitteln und ihrer Produktionsmittel vor Ort.
- Die besten Garanten für die lokale Ernährungssicherheit sowie die nationale und regionale Ernährungssouveränität sind kleinbäuerliche Strukturen. Ihre Multifunktionalität mit ihren ökologischen und sozialen Leistungen müssen anerkannt und gezielt gefördert werden.
- Die Umwandlung von Anbauflächen für Lebensmittel in Treibstoffflächen ist nicht vertretbar. Es sind effizientere, integrierte und dezentrale Formen der Bio-Energiegewinnung zu fördern.
- Die Grüne Gentechnik bringt bisher mehr Probleme als Lösungen und lenkt das Forschungsinteresse einseitig auf patentierte Produkte.
- Die Freiheit der Forschung und die Verbreitung von Wissen wird durch geistige Eigentumsrechte und -ansprüche (z. B. auf Saatgut) maßgeblich negativ beeinflusst.
- Die öffentliche Agrarforschung und Entwicklung muss praxisnäher werden, die Fragen der Landwirte beantworten und diese an den Entwicklungen beteiligen.
- Um die Treibhausgasemissionen pro Kalorie zu reduzieren, bedarf es technologischer Revolutionen und drastischer Einschnitte.

Solche Feststellungen fordern selbstverständlich sämtliche davon unmittelbar Betroffenen zur Kritik heraus:

Dem Weltagrarbericht wird von Teilen der Agrarwirtschaft und -forschung vorgeworfen, stark ideologisch beeinflusst zu sein. Insbesondere die Forderung nach einer verstärkten Förderung der ökologischen Landwirtschaft und die Ablehnung der Grünen Gentechnik sei auf den Lobbyismus verschiedener Interessengruppen zurückzuführen, nicht auf Wissenschaft. So habe der IAASTD einen 2003 veröffentlichten Bericht des Internationalen Wirtschaftsrates ignoriert, demzufolge es bisher keinen Nachweis für nachteilige Umwelt- und Gesundheitseffekte der Grünen Gentechnik gebe. Auch ein im Jahr 2000 veröffentlichter Bericht der FAO (Food and Agricultural Organisation) zu den Chancen der Grünen Gentechnik sei ignoriert worden. Die »Public Research and Regulations Initiative«, eine Interessenvertretung der öffentlichen Biotechnologie-Forschung, erklärte: »Wir glauben, dass das Biotechnologie-Kapitel aus einer Perspektive geschrieben wurde, die sich derart fundamental von unserer unterscheidet, dass Kommentare bezüglich der vielen Mängel und Fehler sinnlos sind«. Schmidtner & Dabbert (2009) vom Institut für Landwirtschaftliche Betriebslehre der Universität Hohenheim, Fachgruppe

Produktionstheorie und Ressourcenökonomik im Agrarbereich, stellten in ihrer wissenschaftlichen Untersuchung »Nachhaltige Landwirtschaft und ökologischer Landbau im Bericht des Weltagarrates« dagegen keine Mängel fest und kamen zu dem Schluss, dass die Kernaussagen des Berichtes der dringenden Umsetzung in Deutschland bedürfen. Dieses Projekt wurde übrigens vom Bundesministerium für Ernährung, Landwirtschaft und Verbraucherschutz (BMELV) im Rahmen des Bundesprogrammes Ökologischer Landbau gefördert. Wie Dr. Hu vom Institute of Science in Society in London betont, ist ein grundlegender Wandel in der landwirtschaftlichen Praxis dringend erforderlich, bevor die Katastrophe auch auf Deutschland, die EU und die übrige Welt übergreift (vgl. Science in Society 44, 32–33, 2009).

Was der heutige ungebremste, nur an Gewinnmaximierung orientierte Umgang mit dieser einen Erde bewirkt hat und noch bewirken wird, wenn wir nicht innehalten und gegensteuern, hat die TEEB-Studie (The Economics of Ecosystems and Biodiversity) versucht in Zahlen zu fassen. So wurde im Jahr 2006 der ökonomische Wert aller Dienstleistungen von Ökosystemen und der Biodiversität erfassbar gemacht, um diese vor endgültiger Zerstörung und Raubbau zu schützen. In diesem Bericht haben Fachleute einige für den Artenschutz besonders wichtige Punkte herausgearbeitet, z. B. den Verlust an Wald: Wenn bis 2050 mit derselben Geschwindigkeit wie bisher Bäume abgeholzt werden, dann verlöre die Menschheit ein Kapital von jährlich zwei Billionen Dollar. Oder die Überfischung: Der Wettbewerb zwischen hoch subventionierten und industrialisierten Fangflotten hat dazu geführt, dass Fischbestände schwinden. Auf lange Sicht profitiert davon niemand – vielmehr verringert sich das weltweite Einkommen durch Fischfang um 50 Milliarden Dollar jährlich.

Weitere Beispiele sind Insekten und Korallen: Der Wert von Bienen und anderer Tiere, die Pflanzen bestäuben, beläuft sich auf jährlich 150 Milliarden Dollar – was fast zehn Prozent des weltweiten Umsatzes der Lebensmittelproduktion für Menschen ausmacht. Allein in den USA büßten Farmer 2007 um die 15 Milliarden Dollar an Einkommen ein, weil ein großes Bienensterben die Ernten vernichtete.

Wertvoll sind auch Korallenriffe. Selbst wenn sie nur ein gutes Prozent des Kontinentalschelfs bedecken, beherbergen die Riffe zwischen ein und drei Millionen Arten, darunter mehr als ein Viertel aller Fische. 30 Millionen Küsten- und Inselbewohner sind auf Korallenriffe angewiesen, sie beziehen daraus ihre Nahrung und ihr Einkommen, was sich auf einen Dollarwert von schätzungsweise 30–170 Milliarden jährlich beläuft.

Die ökonomische Bewertung von Natur könnte auch dazu führen, dass Unternehmen den Artenschutz in die Kosten der Produktion einberechnen müssen. Und wenn artenreiche Wälder oder Flüsse einen bezifferbaren Wert haben, kann auch das dazu beitragen, dass sie besser geschützt werden. In Mexiko etwa erprobt die Regierung seit einigen Jahren ein Bezahlsystem für Ökodienste in Wäldern. Die

Folge: Es werden nur halb so viele Bäume wie früher gefällt. Weil die Bäume CO_2 binden, spart man so einen Kohlendioxidausstoß von 3,2 Millionen Tonnen.

Mit den Tigern übrigens, so steht es im TEEB-Bericht, verspiele Indien ein riesiges Potenzial. Gab es 1900 noch etwa hunderttausend Tiere, so sind es inzwischen nur noch 1400. Dabei könnte der Tiger mehr Touristen nach Indien locken und dem Land Einkünfte bescheren. Zumindest Ruanda hat das mit den Berggorillas geschafft. Gorilla-Trecking bringt dem afrikanischen Land Einkünfte von jährlich zehn Millionen Dollar (vgl. www.teebweb.org). Allerdings muss dann ehrlicherweise der Reiseaufwand dorthin mit eingerechnet werden.

Zurück zur ökologischen Landwirtschaft

Auch wenn die Agrarindustrien fortfahren, die Erde mit ihren giftigen Chemikalien zu verseuchen: Wer trotz dieser negativen Tendenzen aufmerksam die Entwicklungen in der Landwirtschaft beobachtet, kann feststellen, dass sich in bescheidenem Umfang langsam aber sicher ein Wandel in der landwirtschaftlichen Praxis vollzieht. Überall in den USA kehren Farmer zu konventionellen, gentechnikfreien Pflanzen zurück. Die Nachfrage ist so groß, dass organisch wirtschaftende Betriebe manchmal kaum mit der Produktion nachkommen und mit der rapide steigenden Nachfrage der Verbraucher nicht Schritt halten können, was schon mehrfach zu Versorgungsengpässen bei organischen Produkten geführt hat.

Eine vor Kurzem von der Iowa State University und dem US-Landwirtschaftsministerium erstellte Studie, in der die Wirtschaftlichkeit von Farmen in der dreijährigen Übergangzeit von konventionellem zu organischem Anbau untersucht wurde, ergab deutliche Vorteile der organischen Landwirtschaft gegenüber GVO- und selbst gegenüber konventionellen gentechnikfreien Pflanzen. Die über einen Zeitraum von vier Jahren durchgeführte Studie – drei Jahre Übergangszeit und das erste Jahr organischer Landwirtschaft – ergab, dass der Ertrag sowohl bei Sojabohnen als auch bei Mais beim organischen Anbau zwar anfänglich sank, aber bereits im dritten Jahr auf gleicher Höhe, im vierten Jahr jedoch höher war als beim konventionellen Anbau (vgl. Science in Society 44, 32–33, 2009).

Stellen Sie sich vor, Sie lebten in einem Land, in dem es nicht nur ganz normal ist, sein eigenes Land zu bestellen, steuerfrei und ohne staatliche Einmischung, sondern in dem das auch noch gefördert wird, um auf diese Weise die individuelle Eigenständigkeit und eine starke gesunde Gemeinschaft zu fördern. Jetzt stellen Sie sich vor, dass in demselben Land auch alle Ihre Nachbarn ihr eigenes Land bestellen, und zwar im Rahmen eines Netzes dezentralisierter, nachhaltig wirtschaftender, unabhängiger Öko-Dörfer, die mehr als genug Lebensmittel produzieren, um das ganze Land zu ernähren.

Vielleicht denken Sie jetzt, das klinge wie eine utopische Interpretation der Anfänge der amerikanischen Geschichte, aber das Land, das hier beschrieben wird, ist das

Russland unserer Tage. Wie sich zeigt, floriert das Modell der heutigen russischen Landwirtschaft durch die Millionen kleiner Bauernhöfe im Familienbesitz, die nach organischen Prinzipien bewirtschaftet werden. Der größte Teil der Lebensmittel, die im Land verzehrt werden, wird auf diesen Höfen erzeugt. Im Unterschied zu dem nicht nachhaltig wirtschaftenden, von Chemikalien abhängigen System, das in der heutigen amerikanischen Landwirtschaft vorherrscht, arbeitet Russlands Landwirtschaftssystem, das eigentlich gar kein System ist, durch die Menschen für die Menschen. Dank einer Regierungspolitik, die selbstständige bäuerliche Familienbetriebe fördert und nicht die Gier von Chemie- und Biotech-Konzernen wie in den Vereinigten Staaten, können und wollen die meisten Russen auf privaten Parzellen, den berühmten Datschas, ihre eigenen Lebensmittel anbauen.

Der Internetseite www.initiative.cc (Artikel vom 06.11.2012) über Russlands Familienlandsitze als Schlüssel zur Ernährung der Welt zufolge, gewährt das russische Gesetz über den Privatbesitz von Gartengelände aus dem Jahr 2003 jedem russischen Bürger das Recht auf ein kostenloses privates Gartengrundstück von einer Größe zwischen 8 900 und 27 500 Quadratmetern. Jedes Grundstück kann zum Anbau von Lebensmitteln, aber auch einfach als Ferien- oder Freizeitgelände genutzt werden, die Regierung hat eingewilligt, dieses Land nicht zu besteuern. Das Ergebnis ist phänomenal: Gesamt gesehen, bauen russische Familien praktisch alle Lebensmittel, die sie brauchen, selbst an.

»Im Grunde demonstrieren die russischen Gärtner, dass Gärtner die Welt ernähren können – man braucht keine GVO, keine industriellen landwirtschaftlichen Betriebe oder anderen technischen Schnickschnack, damit sichergestellt ist, dass jeder genug zu essen hat«, schreibt Leonid Sharashkin in seinem Beitrag »Family gardens can feed the world«, nachzulesen unter www.primaryagriculture.com. Und weiter heißt es: »Das meiste Essen in Russland stammt aus Hinterhofgärten. 1999 wurden in Russland insgesamt schätzungsweise 35 Millionen kleiner Familiengrundstücke bestellt, von 105 Millionen Menschen – das waren 71 % der russischen Bevölkerung. Produziert wurden dort ungefähr die Hälfte der im Land konsumierten Milch, 60 % des Fleisches, 87 % der Beeren und Früchte, 77 % des Gemüses und sage und schreibe 92 % der Kartoffeln. Mit anderen Worten: Der russische Durchschnittsbürger ist nach diesem Modell berechtigt, sein eigenes Essen anzubauen und seine Familie und sein Umfeld zu versorgen.

Denken Sie daran, dass die Vegetationsperiode in Russland nur 110 Tage beträgt – in den USA könnte der Ertrag der Gärtner also ungleich höher sein. Doch heute ist die Rasenfläche in den USA doppelt so groß wie die der Gärten in Russland – und sie dient niemandem, außer einer millionenschweren Rasenpflege-Industrie.

Das Modell der Hinterhofgärten ist in ganz Russland so erfolgreich, dass der Ertrag mehr als die Hälfte der gesamten landwirtschaftlichen Produktion des Landes ausmacht. Nach den Zahlen von 2004 beträgt der Gesamtwert der Hinterhoferzeugnisse in Russland umgerechnet 14 Milliarden Dollar, das sind 2,3 % des russischen

Bruttoinlandsprodukts (BIP) – und diese Zahl steigt, weil sich immer mehr Russen der Ökodorf-Bewegung anschließen.« (www.initiative.cc/Artikel/2012_11_06_russland_landwirtschaft.htm).

Interessanterweise finden sich in den USA die umfangreichsten Freilandversuche zu den hier angesprochenen landwirtschaftlichen Produkten, und gleichzeitig wird dort auch sehr intensiv über die Folgen von Landschaftsmissbrauch und die notwendigen und auch möglichen Alternativen geforscht. So ist es nicht verwunderlich, dass sich nicht nur in den USA immer mehr Verbraucher den Produkten aus ökologischer Landwirtschaft zuwenden.

Einer amerikanischen Langzeitstudie von Letourneau & Bothwell (2008) zufolge lohnt sich der biologische Landbau – auch ohne besonders hohe Preise.

Viele Untersuchungen belegen den positiven ökologischen Einfluss einer Biolandwirtschaft. Verminderte Mengen an mineralischem Dünger, vor allem Stickstoff, und weniger chemische Pflanzenschutzmittel zeichnen für diesen Effekt verantwortlich.

Beobachtungen der kleinflächigen Produktion bestätigen, dass die Biolandwirtschaft mit dem konventionellen Anbau auch ökonomisch konkurrieren kann. Diesen Erfolg bestätigt eine Langzeitstudie aus Minnesota (USA) von Seufert et al. (2012). Sie stellten fest, dass die Anzahl der ökologisch bewirtschafteten Betriebe in den USA wie hierzulande zunimmt. So konnte der Anteil von Bioprodukten in den USA von 1997 von 3,6 Milliarden US-Dollar auf über 21 Milliarden im Jahr 2008 gesteigert werden. Dafür sind vornehmlich Obst, Gemüse, Fleisch und Molkereiprodukte verantwortlich. Die Biolandwirtschaftsfläche stieg von etwa 400 000 Hektar im Jahr 1992 auf 2 Millionen Hektar im Jahr 2008. Die Zahl der zertifizierten Bio-Betriebe stieg im Zeitraum der Jahre 2000 bis 2008 von 6 000 auf über 13 000 Unternehmen (vgl. USDA 2010 – United States Department of Agriculture, Economic Research Service).

In Deutschland erobern Bio-Lebensmittel sogar bis in die Discounter hinein den Markt. Das Wachstum gerade dieser Lebensmittel betrug bis zum Jahr 2008 9 % (ca. 1,25 Milliarden Euro). Und die Anteile der Bioprodukte wachsen kontinuierlich weiter. Der Anteil am Gesamtumsatz der Lebensmittelbranche betrug 2008 3,2 %. Nach den Ergebnissen der Landwirtschaftszählung wirtschafteten im Jahr 2010 rund 16 500 Betriebe nach den Regeln des ökologischen Landbaus. Damit betrug der Anteil der ökologisch wirtschaftenden Betriebe 5,5 % an den Betrieben insgesamt. Unter Berücksichtigung der für diese Erhebung angehobenen Erfassungsgrenzen entspricht dies im Vergleich zu 2007 einem Zuwachs von knapp 2 700 Betrieben (+ 19,5 %). Der Ökolandbau ist also immer noch eine Sonderform der Landwirtschaft, aber mit einem beachtlichen Wachstum (vgl. Statistisches Bundesamt, Wirtschaftsbereiche, Ökologischer Landbau, 2012). Eine steigende Nachfrage nach Bioprodukten stellt auch Kumar Venkat in seiner Studie aus dem Jahr 2012 fest.

Also, jetzt liegt es an Ihnen: Tun Sie etwas, die Zeit ist reif!

Zu Beginn des Jahres 2013 wurden zwei sehr erfolgreiche Unterschriftenaktionen das Bienensterben betreffend unter www.compact.de und www.avaaz.org abgeschlossen, die sich an die damalige Bundeslandwirtschaftsministerin AIGNER bzw. an das EU-Parlament wandten.

Kaufen Sie bei Ihrem Imker vor Ort, denn nur maximal 20 % des in Deutschland verbrauchten Honigs stammt aus heimischer Produktion. Die restlichen Mengen sind allesamt Importhonige, das sind immerhin ca. 70000 Tonnen, wohlgemerkt im Jahr! Mexiko war im Jahr 2012 Deutschlands wichtigster Honiglieferant: Mit knapp 15 400 Tonnen Honig lag das Land auf Platz eins der Importländer. Wie das Statistische Bundesamt mitteilte, löste Mexiko damit Argentinien ab, bislang Deutschlands wichtigste Quelle für Honig. Aus Argentinien führte Deutschland 2012 insgesamt 13 700 Tonnen des beliebten Naturproduktes ein. Mit großem Abstand folgte China, von dort wurden 5 400 Tonnen Honig importiert (vgl. Statistisches Bundesamt, Pressemitteilung vom 05.03.2013).

Aber auch hier ist eine weitere kritische Nachfrage Ihrerseits erlaubt: Fragen Sie bei den Verbänden mal nach, ob sie wirtschaftlich wirklich unabhängig sind und ausschließlich das kostbare Produkt Honig mit ihren kleinen Sonnenhelden im Blick haben. Nicht dass es den hiesigen Verbänden ähnlich ergeht wie dem Britischen Imkerverband, der eine erkleckliche Geldsumme dafür erhält, dass er gegenüber der Spritzmittelindustrie Stillhalten bewahrt!

Der verträglichste Honig für uns Menschen stammt von einem Imker in Ihrer Nähe, weil hier alle wesentlichen Stoffe Ihrer Lebensumwelt vereint sind.

7 Literaturverzeichnis

AFFSSA (2008/2009): Weakening, collapse and mortality of bee colonies. – Report, 1–222.

Antoniou, M., El-Din, M. E., Habib, M., Howard, C. V., Jennings, R. C., Leifert, C., Nodari, R. O., Robinson, C. & J. Fagan (2011): Roundup and birth defects: Is the public being kept in the dark? – Earth Open Source. www.earthopensource.org/index.php/reports/17-roundup-and-birth-defects-is-the-public-being-kept-in-the-dark.

Antoniou, M. (2012): CSIRO SeI/SeII SHRA gm-wheat producing grains with a lower content of branched starch molecules. Appraisal of statements by Prof. Jack Heinemann and Assoc Prof. Judy Carman. – Kings College London.

Arbeitsgemeinschaft der Institute für Bienenforschung e. V. (2012): 59. Jahrestagung in Bonn vom 27.–29. März 2012. – Apidologie 43 (3), 227–370.

Babel, D. (2011): Pestizide und Agrarpolitik gefährden Biodiversität. Alarmierende Forschungsergebnisse einer europaweiten Studie und jüngerer Untersuchungen in Hessen. – Kritischer Agrarbericht, 126–130.

Bacandritsos, N., Granato, A., Budge, G., Papanastasiou, I., Roinioti, E., Caldon, M., Falcaro, C., Gallina, A. & F. Mutinelli (2010): Sudden deaths and colony population decline in Greek honey bee colonies. – Journal of Invertebrate Pathology 105 (3), 335–340.

Baer, B. & J. J. Boomsma (2006): Mating biology of leaf-cutting ants *Atta colombica* and *A. cephalotes*. – Journal of Morphology 267 (10), 1165–1171.

Baer, B., Armitage, S. A. & J. J. Boomsma (2006): Sperm storage induces an immunity cost in ants. – Nature 15 (441), 872–875.

Badiou-Bénéteau, A., Carvalho, S. M., Brunet, J. L., Carvalho, G. A., Buleté, A., Giroud, B., L. P. Belzunces (2012): Development of biomarkers of exposure to xenobiotics in the honey bee *Apis mellifera*: application to the systemic insecticide thiamethoxam. – Ecotoxicology and Environmental Safety 82, 22–31.

Baudoux, U. (1927): Agrandissement des abeilles. – L'Apiculture Rationelle 11, 57 f.

Baudoux, U. (1933): The influence of cell size. – The Bee World 1, 37–41.

Beesten, A. v. (2006): Gentechnik in Landwirtschaft und Ernährung – Kein Thema für Ärzte? Umwelt · Medizin · Gesellschaft 19 (1), 7–16.

Belien, T., Kellers, J., Heylen, K., Keulemans, W., Billen, J., Arckens, L., Huybrechts, R. & B. Gobin (2009): Effects of sublethal doses of crop protection agents on honey bee global colony vitality and its potential link with aberrant foraging activity. –Communications in agricultural and applied biological sciences 74 (1), 245–253.

Benachour, N., Sipabutar, H., Moslemi, S., Gasnier, C., Travert, C. & G. E. Seralini (2007): Time- and dose-dependent effects of roundup on human embryonic and placental cells. – Archive of Environmental Contamination and Toxicology 53, 126–133.

Benbrook, C. M. (2001): Glyphosate Efficacy is Slipping and Unstable Transgene Expression Erodes Plant Defenses and Yields. – Northwest Science and Environmental Policy Center Sandpoint, Idaho.

Berg, S. (2011): Veitshöchheimer Imkerforum. – www.Fachzentrum-bienen.de/support_you/Imkerforum%202011InternetFreunde.pdf.

Bernal, J., Garrido-Bailón, E., Del Nozal, M. J., Gonzalez-Porto, A. V., Martin-Hernandez, R., Diego, J. C., Jiménez, J. J., Bernal, J. L. & M. Higes (2010): Overview of pesticide residues in stored pollen and their potential effect on bee colony (*Apis mellifera*) losses in Spain. – Journal of Economic Entomology 103 (6), 1964–1971.

Blacquière, T., Smagghe, G., Gestel, C. A. M. V. & V. Mommaerts (2012): Neonicotinoids in bees: a review on concentrations, side-effects and risk assessment. – Ecotoxicology 21 (4), 973–992.

Boily, M., Sarrasin, B., Deblois, C., Aras, P. & M. Chagnon (2013): Acetylcholinesterase in honey bees (*Apis mellifera*) exposed to neonicotinoids, atrazine and glyphosate: laboratory and field experiments. – Environmental Science and Pollution Research International 20 (2).

Brückmann, T. (2012): Methodische Mängel. Anspruch und Realität des Deutschen Bienenmonitoring-Projekts (DeBiMo) – eine kritische Reflexion. – Gentechnik. Kritischer Bericht zum Bienenmonitoring, BUND, 171–175.

BUND (Hrsg., 2010): Anhaltendes Bienenvolksterben durch Pestizide. Grundlegende Reform der Zulassungspraxis gefordert. – Berlin.

Byrne, F. J., Visscher, P. K., Leimkuehler, B., Fischer, D., Grafton-Cardwell, E. E. & J. G. Morse (2013): Determination of exposure levels of honey bees foraging on flowers of mature citrus trees previously treated with Imidacloprid. – Pest Management Science, DOI: 10.1002/ps.3596.

Calderone, N. W. (2012): Insect Pollinated Crops, Insect Pollinators and US Agriculture: Trend Analysis of Aggregate Data for the Period 1992–2009. – PLOS ONE 7 (5): e37235.

Carman, J. (2012): Expert Scientific Opinion on CSIRO GM Wheat Varieties. – Health and the Environment School of the Environment Flinders University South Australia.

Carrasco-Letelier, L., Mendoza-Spina, Y. & M. B. Branchiccela (2012): Acute contact toxicity test of insecticides (Cipermetrina 25, Lorsban 48E, Thionex 35) on honeybees in the southwestern zone of Uruguay. – Chemosphere 88 (4), 439–444.

Chauzat, M.-P., Faucon, J.-P., Martel, A.-C., Lachaize, J., Cougoule, N. & M. Aubert (2010): A survey of pesticide residues in pollen loads collected by honey bees in France. – Journal of Economic Entomology 99 (2), 253–262.

Chauzat, M.-P., Cauquil, L., Roy, L., Franco, St., Hendrikx, P. & M. Ribière-Chabert (2013): Demographics of the European agricultural industry. – PLOS ONE 8 (11): e: 79018.

Cresswell, J. E. (2011): A meta-analysis of experiments testing the effects of a neonicotinoid insecticide (imidacloprid) on honey bees. – Ecotoxicology 20 (1), 149–157.

Cresswell, J. E., Page, C. J., Uygun, M. B., Holmbergh, M., Li, Y., Wheeler, J. G., Laycock, I., Pook, C. J., de Ibarra, N. H., Smirnoff, N. & C. R. Tyler (2012): Differential sensitivity of honey bees and bumble bees to a dietary insecticide (imidacloprid). – Zoology 115 (6), 365–371.

Cresswell, J. E., Robert, F. X., Florance, H. & N. Smirnoff (2013): Clearance of ingested neonicotinoid pesticide (imidacloprid) in honey bees (*Apis mellifera*) and bumblebees (*Bombus terrestris*). – Pest Management Science, DOI: 10.1002/ps.3569.

Cutler, G. C. & C. D. Scott-Dupree (2007): Exposure to clothianidin seed-treated canola has no long- term impact on honey bees. – Journal of Economic Entomology 100 (3), 765–772.

Dahlgren, L., Johnson, R. M., Siegfried, B. D. & M. D. Ellis (2012): Comparative toxicity of acaricides to honey bee (Hymenoptera: Apidae) workers and queens. – Journal of Economic Entomology 105 (6), 1865–1902.

Dalin, P., Kindvall, O. & C. Björkman (2009): Reduced Population Control of an Insect Pest in Managed Willow Monocultures. – PLOS ONE 4 (5): e5487.

Davis, J. H. (1956): From Agriculture to Agribusiness. – Harvard Business Review 34 (1), 107–115.

Davis, J. H. & R. A. Goldberg (1957): A Concept of Agribusiness. – Boston: Division of Research, Graduate School of Business Administration, Harvard University.

Decourtye, A., Devillers, J., Aupinel, P., Brun, F., Bagnis, C., Fourrier, J. & M. Gauthier (2011): Honeybee tracking with microchips: a new methodology to measure the effects of pesticides. – Ecotoxicology 20 (2), 429–437.

Dijk, T. C. v. (2010): Effects of neonicotinoid pesticide pollution of Dutch surface water on non-target species abundance. – MSc Thesis, Utrecht University.

Doucet-Personeni, C., Halm, M. P., Touffet, F., Rortais, A. & G. Arnold (2003): Imidaclopride utilisé en enrobage de semences (Gaucho®) et troubles des abeilles. Rapport final. – Comité Scientifique et Technique de l'Etude Multifactorielle des Troubles des Abeilles, France.

Duke, S. O. & S. B. Powles (2008): Glyphosate: a once-in-a-century herbicide. – Pest Management Science 64, 319–325.

Easton, A. H. & D. Goulson (2013): The neonicotinoid insecticide imidacloprid repels pollinating flies and beetles at field-realistic concentrations. – PLOS ONE 8 (1): e54819.

Eiri, D. M. & J. C. Nieh (2012): A nicotinic acetylcholine receptor agonist affects honey bee sucrose responsiveness and decreases waggle dancing. – Journal of Experimental Biology 215 (12), 2022–2029.

Engdahl, W. F. (2007): Apokalypse Jetzt! Washingtons geheime Geopolitik. – Rottenburg.

Engdahl, W. F (2007): Doomsday Seed Vault in the Arctic – Bill Gates, Rockefeller and the GMO giants know something we don't. – Global Research.

Favre, D. (2010): Mobile phone induced honeybee worker piping. – Springerlink.com, DOI: 10.1007/s13592-011-0016-X.

Forsman, T., Ideström, P. & E. Österlund (2004): Einführende Studie zur Züchtung varroaresistenter Bienen. Abschlussbericht. – www.abejasresistentes.com/a/Studie_resistente_Bienen.pdf

Gaines, T. A., Shaner, D. L., Ward, S. M., Leach, J. E., Preston, C. & P. Westra (2011): Mechanism of resistance of evolved glyphosate-resistant Palmer amarath (*Amaranthus palmeri*). – Journal of Agricultural and Food Chemistry 59 (11), 5886–5889.

Gauthier, L., Ravallec, M., Tournaire, M., Cousserans, F., Bergoin, M., Benjamin, D. & J. R. de Miranda (2011): Viruses Associated with Ovarian Degeneration in *Apis mellifera* L. Queens. – PLOS ONE 6 (1): e16217.

Genersch, E., Ohe, W. v. d., Kaatz, H., Schroeder, A., Otten, C., Büchler, R., Berg, S., Ritter, W., Mühlen, W., Gisder, S., Meixner, M., Liebig, G. & P. Rosenkranz (2010): The German bee monitoring project: a long term study to understand periodically high winter losses of honey bee colonies. – Apidologie 41 (3), 332–352.

George, J., Prasad, S., Mahmood, Z. & Y. Shukla (2010): Studies on glyphosate-induced carcinogenicity in mouse skin. – Journal of Proteomics 73 (5), 951–964.

Georgiadis P.-T., Pistorius, J. & U. Heimbach (2011): Dust in the Wind – Abdrift insektizidhaltiger Stäube – ein Risiko für Honigbienen (*Apis mellifera* L.)? . – Julius-Kühn-Archiv 430, 15–19.

Giesy, J. P., Dobson,S. & K. R. Solomon (2000): Ecotoxicological risk assessment for Roundup® herbicide. – Reviews of Environmental Contamination and Toxicology 167, 35–120.

Ginevan, M. E., Lane, D. D. & L. Greenberg (1980): Ambient air concentration of sulfur dioxide affects flight activity in bees. – Proceedings of the National Academy of Science USA 77 (10), 5631–5633.

Girolami, V., Mazzon, L., Squartini, A., Mori, N., Marzaro, M., Di Bernardo, A., Greatti, M., Giorio, C. & A. Tapparo (2009): Translocation of neonicotinoid insecticides from coated seeds to seedling guttation drops: A novel way of intoxication for bees. – Journal of Economic Entomology 102 (5), 1808–1815.

Girolami, V., Marzaro, M., Vivan, L., Mazzon, L., Greatti, M., Giorio, C., Marton, D. & A. Tapparo (2012): Fatal powdering of bees in flight with particulates of neonicotinoids seed coating and humidity implication. – Journal of Applied Entomology 136 (1–2), 17–26.

Greatti, M., Sabatini, A. G., Barbattini, R., Ross, S. & A. Starvisi (2004): Loss of imidacloprid during sowing operations using Gaucho® dressed corn seeds and contamination of nearby vegetation. – EurBee1, First European Conference of Apidology, Udine, 19–24.

Greatti, M., Barbattini, R., Stravisi, A., Sabatini, A. G. & S. Rossi (2006): Presence of the a. i. imidacloprid on vegetation near corn fields sown with Gaucho® dressed seeds. – Bulletin of Insectology 59 (2), 99–103.

Hagler, J. R., Mueller, S., Teuber, L. R., Machtley, S. A. & A. v. Deynze (2011): Foraging range of honey bees, *Apis mellifera*, in alfalfa seed production fields. – Journal of Insect Science 11, 144.

Hainbuch, F. (2013): Die Heilkraft der Bienen. Honig & Co. bei Beschwerden von A–Z. – Kandern.

Hawthorne, D. J. & G. P. Dively (2011): Killing them with kindness? In-hive medications may inhibit xenobiotic efflux transporters and endanger honey bees. – PLOS ONE 6 (11): e26796.

Heaf, D. (2011): Do small cells help bees cope with *Varroa*? A review. – The Beekeepers Quarterly 104, 39–45.

Heinemann, J. (2012): Evaluation of risks from creation of novel RNA molecules in genetically engineered wheat plants and recommendations for risk assessment. – Centre for Integrated Research in Biosafety, University of Canterbury.

Henry, M., Rollin, O., Aptel, J., Tchamitchian, S., Beguin, M., Requier, F. & A. Decourtye (2012): A Common Pesticide Decreases Foraging Success and Survival in Honey Bees. – Science 336, 348–350.

Hoffmann, E. J. & S. J. Castle (2012): Imidacloprid in Melon Guttation Fluid: A Potential Mode of Exposure for Pest and Beneficial Organisms. – Journal of Economic Entomology 105 (1), 67–71.

Hopwood, J., Vaughn, M., Shepherd, M., Biddinger, D., Mader, E., Black, S. H. & C. Mazzacano (2012): Are Neonicotinoids Killing Bees? A Review of Research into the Effects of Neonicotinoid Insecticides on Bees, with Recommendations for Actions. – The Xerces Society for Invertebrate Conservation.

Hoppe, P. P. & A. Safer (2011): Deutsches Bienenmonitoring. Anspruch und Wirklichkeit. –www.bund.net/themen_und_%20projekte/chemie/pestizide/gefahr%20_fuer_die_natur/tiere/%20bienen; URL besucht am 24.01.2011.

Iwasa, T., Motoyama, N., Ambrose, J. T. & R. M. Roe (2004): Mechanism for the differential toxicity of neonicotinoid insecticides in the honey bee, *Apis mellifera*, Crop Protection 23 (5), 371–378.

John, L. (2003): Soja transgênica tem ganhos discutíveis. O Estadão. Caderno de Ciência e Meio Ambiente. – São Paulo.

Johnson, R. M., Ellis, M. D., Mullin, C. A. & M. Frazier (2010): Pesticides and honey bee toxicity. – Apidologie 41, 312–331.

Johnson, R. M., Dahlgren, L. Siegfried, B. D. & M. D. Ellis (2013): Acaricide, Fungicide and Drug Interactions in Honey Bees (*Apis mellifera*). – PLOS ONE 8 (1): e54092.

Köppler, K. & N. Koeniger (2001): Minderung des Polleneintrags nach Verstellen von Bienenvölkern. – Apidologie 32, 464 f.

Krieger, R. I. (2001): Handbook of Pesticide toxicology. – Academic Press.

Krupke, C. H., Hunt, G. J., Eitzer, B. D., Andino, G. & K. Given (2012): Multiple routes of pesticide exposure for honey bees living near agricultural fields. – PLOS ONE 7 (1): e29268.

Lappé, M. & B. Bailey (2000): [Machtkampf Biotechnologie. Wem gehören unsere Lebensmittel?] – Aus dem Amerikanischen von Klaus Sticker, München.

Laurino, D., Porporto, M., Patetta, M. & A. Manino (2011): Toxicity of neonicotinoid insecticides to honey bees: laboratory tests. – Bulletin of Insectology 64 (1), 107–113.

Le Conte, Y. & M. Navajas (2008): Climate change: impact on honey bee populations and diseases. – Revue Scientifique et Technique. International Office of Epizootics 27 (2), 485–510.

Letourneau, D. K. & S. G. Bothwell (2008): Comparison of organic and conventional farms: challenging ecologists to make biodiversity functional Frontiers. – Ecology and the Environment 6, 430–438.

Lexchin, J., Bero, L. A., Djulbegovic, B. & Clark, O. (2003): Pharmaceutical industry sponsorship and research outcome and quality: systematic review. – British Medical Journal 326, 1167–1170.

Londo, J. P., Bollman, M. A., Cynthia , L., Sagers, C. L., Lee, E. H. & L. S. Watrud (2011): Glyphosate-drift but not herbivory alters the rate of transgene flow from single and stacked trait transgenic canola (*Brassica napus*) to nontransgenic *B. napus* and *B. rapa*. – New Phytologist 191 (3), 840–849.

Lu, C., Warchol, K. & R. Callahan (2012): In situ replication of honey bee colony collapse disorder. – Bulletin of Insectology 65 (1), 99–106.

Lundh, A., Sismondo, S., Lexchin, J., Busuioc, O. A. & L. Bero (2012): Industry sponsorship and research outcome. – Cochrane Library.

Maini, S., Medrzycki, P. & C. Porrini (2010): The puzzle of honey bee losses: a brief review. – Bulletin of Insectology 63 (1), 153–160.

Malone, L. A. Burgess, E. P.J. & D. Stefanovic (1999): Effects of Bacillus thuringiensis biopesticide formulations and soybean trypsin inhibitor on honey bees (Apis mellifera L.) survival and food consumption. – Apidologie 30, 465–474.

Marc, J., Mulner-Lorillon, O. & R. Bellé (2004): Glyphosate-based pesticides affect cell cycle regulation. – Biology of the Cell 96 (3), 245–249.

McFrederick, Q., Kathilankal, S., James, C. & J. D. Fuentes (2008): Air pollution modifies floral scent trails. – Atmospheric Environmental 42 (10), 2336–2348.

Mertens, M. (2010): Kollateralschäden im Boden. Roundup und sein Wirkstoff Glyphosat – Wirkungen auf Bodenleben und Bodenfruchtbarkeit. – Kritischer Agrarbericht, 249–253.

Mertens, M. (2011): Glyphosat und Agrotechnik. – Naturschutzbund.

Modra, H. & Z. Svodobovà (2009): Incidence of animal poisoning cases in the Czech Republic: current situation. – Interdisciplinary 2 (2), 48–51.

Müller, W. (2004): Recherche und Analyse von Indizien bezüglich humantoxikologischer Risiken von gentechnisch veränderten Soja- und Mais-Pflanzen. – eco-risk, Büro für Ökologische Risikoforschung, unter Mitarbeit von Marion Dolezel. Im Auftrag des Landes Oberösterreich. Endbericht, Wien.

Neumann, P. & N. L. Carreck (2010): Honey bee colony losses. – Journal of Apicultural Research 49 (1), 1–6.

NCAP – Northwest Coalition for alternatives to pesticides (Hrsg., 2005): Insecticide factsheet. Fipronil. – Journal of Pesticide reform 25 (1), 12–15, online: www.pesticide.org.

Oldroyd, B. P. (2007): What's Killing American Honey. – PLoS Biol 5 (6): e168.

Paganelli, A., Gnazzo, V., Acosta, H., López, S. L. & A. E. Carrasco (2010): Glyphosate-based herbicides produce teratogenic effects on vertebrates by impairing retinoic acid signaling. – Chemical Research in Toxicoloy 23, 1586–1595.

Partap, U. M. A., Partap, T. E. J. & H. E. Yonghua (2001): Pollination failure in apple crop and farmers' management strategies in Hengduan Mountains, China. – Acta Horticulturae (ISHS) 561, 225–230.

Partap, U. M.A. & T. Ya (2012): The Human pollinators of fruit crops in Maoxian County, Sichuan, China. A case study of the failure of pollination services and farmers' adaption strategies. – Mountain Research and Development 32 (2), 176–186.

Perugini, M., Grotta, L., Tarasco, R. & M. Amorena (2011): Heavy metal (Hg, Cr, Cd, and Pb) contamination in urban areas and wildlife reserves: honeybees as bioindicators. – Biological Trace Element Research 140 (2), 170–176.

Pettis, J. S., Engelsdorp, D. v., Johnson, J. & G. Dively (2012): Pesticide exposure in honey bees results in increased levels of the gut pathogen Nosema. – Naturwissenschaften 99 (2), 153–158.

Phalan, B., Bertzky, M., Butchart, S. H.M., Donald, P. F, Scharlemann, J. P.W., Alison, J. Stattersfield, A. J. & A. Balmford (2013): Crop Expansion and Conservation Priorities in Tropical Countries. – PLOS ONE 8 (1): e51759.

Picard-Nizou, A. L., Grison, R., Olsen, L., Pioche, C., Arnold, G. & M. H. Phamdelegue (1997): Impact of proteins used in plant genetic engineering: Toxicity and behavioral study in the honeybee. – Journal of Economic Entomology 94, 1710–1716.

Pilatic, H. (2012): Pesticides and honey bees: State of the Science. – Pesticide Action Network North America, www.panna.org.

Pilling, E., Campbell, P., Coulson, M., Ruddle, N. & I. Tornier (2013): A four-year field program investigating long-term effects of repeated exposure of honey bee colonies to flowering crops treated with thiamethoxam. – PLOS ONE 23 (8): e77193.

Pistorius, J., Bischoff, G. & U. Heimbach (2009): Bienenvergiftung durch Wirkstoffabrieb von Saatgutbehandlungsmitteln während der Maisaussaat im Frühjahr 2008. – Journal für Kulturpflanzen, 61 (1), 9–14.

Popp, F. A., Warnke. U., König, H. L. & W. Peschka (1989): Electromagnetic Bio-Information. – Urban & Schwarzenberg, München.

Rakin, M. C. (2010): Soybean prediction trends in Wisconsin and Food du Lac. – Univ. Wisconsin.

Reiche, R., Horn, U., Wölfl, S., Dorn, W. & H. H. Kaatz (1998): Die Honigbiene als Vektor der Genübertragung von transgenen Pflanzen in die Umwelt. – Apidologie 29, 401 f.

Reeves, M., Murphy, T. & T. C. Morales (2003): Farmworker Women and Pesticides in California's Central Valley. – Pesticide Action Network North America (PANNA), Organización en California de Líderes Campesinas.

Richard, S., Moslemi, S., Sipahutar, H., Benachour, N. & G. Seralini (2005): Differential Effects of Glyphosate and Roundup on Human Placental Cells and Aromatase. – Environmental Health Perspectives 113 (6), 716–720.

Roat, T. C., Carvalho, S. M., Nocelli, R. C., Silva-Zacarin, E. C., Palma, M. S. & O. Malaspina (2013): Effects of sublethal dose of fipronil on neuron metabolic activity of Africanized honeybees. – Archives of Environmental Contamination and Toxicology 64 (3), 456–466.

Rossi, C. de. A., Roat, T. C., Tavares, D. A., Cintra-Socolowski, P. & O. Malaspina (2013): Effects of sublethal doses of imidacloprid in Malpighian tubules of Africanized *Apis mellifera* (Hymenoptera, Apidae). – Microscopy Research and Technique 76 (5), 552–558.

Runckel, C., Flenniken, M. L., Engel, J. C., Ruby, J. G., Ganem, D., Andino, R. & J. L. DeRisi (2011): Temporal Analysis of the Honey Bee Microbiome Reveals Four Novel Viruses and Seasonal Prevalence of Known Viruses, Nosema, and Crithidia. – PLOS ONE 6 (6): e20656.

Samsel, A. & S. Seneff (2013): Glyphosate's Suppression of Cytochrome P450 Enzymes and Amino Acid Biosynthesis by the Gut Microbiome: Pathways to Modern Diseases. – Entropy. 15 (4), 1416–1463,

Schuld, M. & R. Schmuck (2000): Effects of Thiacloprid, a new Chloronicotinyl insecticide, on the egg parasitoid *Trichogramma cacaoeciae*. – Ecotoxicology 9 (3), 197–205.

Seufert, V., Ramankutty, N. & J. A. Foley (2012): Comparing the yields of organic and conventional agriculture. – Nature 485 (7397), 229–232.

Séralini, G. E., Spiroux de Vendômois, J., Cellier, D., Sultan, C., Buiatti, M., Gallagher, L., Antoniou, M. & K. R. Dronamraju (2009): How Subchronic and Chronic Health Effects can be Neglected for GMOs, Pesticides or Chemicals. – International Journal of Biological Sciences 5, 438–443.

Séralini, G. E., Clair, E., Mesnage, R., Gress, S., Defarge, N., Malatesta, M., Hennequin, D. & J. Spiroux de Vendômois (2012): Long term toxicity of a Roundup herbicide and a Roundup-tolerant genetically modified maize. – Food and Chemical Toxicology 50 (11), 4221–4231.

Schafer, M. G., Ross, A. A., Londo, J. P., Burdick, C. A., Lee, E. H., Travers, St. E., Water, P. K. v. d. & C. L. Sagers (2011): The Establishment of Genetically Engineered Canola Populations in the U. S.: The Establishment of Genetically Engineered Canola Populations in the U. S. – PLOS ONE 6 (10): e25736.

Schmidtner, E. & S. Dabbert (2009): Nachhaltige Landwirtschaft und Ökologischer Landbau im Bericht des Weltagrarrates (International Assessment of Agricultural Knowledge, Science and Technology for Development, IAASTD 2008), verfügbar unter: http://forschung.oekolandbau.de unter der BÖL-Bericht-ID 15924.

Schneider, C. W., Tautz, J., Grünewald, B. & S. Fuchs (2012): RFID Tracking of Sublethal Effects of Two Neonicotinoid Insecticides on the Foraging Behavior of *Apis mellifera*. – PLOS ONE 7 (1): e30023.

Sharma, V. P. & N. Kumar (2010): Changes in honeybee behaviour and biology under the influence of cellphone radiation. – Current Science 98 (10), 1376–1378.

Singh, R., Levitt, A. L., Rajotte, E. G., Holmes, E. C., Ostiguy, N., Engelsdorp, D.v., Lipkin, W. I., Pamphilis, C. W. De, Toth, A. L. & D. L. Cox-Foster (2010): RNA Viruses in Hymenopteran Pollinators: Evidence of Inter-Taxa Virus Transmission via Pollen and Potential Impact on Non-Apis Hymenopteran Species. – PLOS ONE 5 (12): e14357.

Sircely, J. & S. Naeem (2012): Biodiversity and Ecosystem Multi-Functionality: Observed Relationships in Smallholder Fallows in Western Kenya. – PLOS ONE 7 (11): e50152.

Sluijs, J. P. van der, Simon-Delso, N., Goulson, D., Maxim, L., Bonmatin, J.-M. & L. P. Belzunces (2013): Neonicotinoids, bee disorders and the sustainability of pollinator services. – Current Opinion in Environmental Sustainability 5 (3–4), 293–305;

Sluijs, J. P. van der & H. A. Tennekes (2009): Zulassungsverfahren in den Niederlanden für neue Generation von Insektiziden verfehlt den Schutz der Bienenvölker. Positionspapier, vorgelegt an NRC-NL am 29. April 2009. – Veröffentlichungen des Kopernikus-Institutes der Universität Utrecht.

Spiroux de Vendômois, J., Roullier, F., Cellier, D. & G.-E. Séralini (2009): A Comparison of the Effects of Three GM Corn Varieties on Mammalian Health. – International Journal of Biological Science 5 (7), 706–726.

Stecher, G. (1982): Studie zu aktuellen Problemen der Bienenwanderung, insbesondere des planmäßigen Einsatzes von Bienenvölkern zur Blütenbestäubung landwirtschaftlicher Kulturen unter besonderer Berücksichtigung des Obstbaus. Diplomarbeit, Humboldt-Universität zu Berlin.

Steiner, R. (1923): Mensch und Welt. Das Wirken des Geistes in der Natur. Über das Wesen der Bienen. – 8. bis 15. Vortrag vom 26.11. bis 22.12.1923, Bibl.-Nr. 351 der Rudolf-Steiner-Nachlass-Verwaltung.

Stever, H., Kuhn, J., Otten, C., Wunder, B., & W. Harst (2005): Verhaltensänderung unter elektromagnetischer Exposition. Pilotstudie 2005, Landau. – Arbeitsgruppe Bildungsinformatik, http://agbi.uni-landau.de.

Stever, H., Harst, W., Kimmel, S., Kuhn, J., Otten, C. & B. Wunder (2006): Change in behaviour of the honeybee *Apis mellifera* during electromagnetic exposure. Follow-up study 2006 (Unpublished research report). – http://agbi.uni-landau.de/material_download/elmagexp_bienen_06.pdf.

Struger, J., Thompson, D. Staznik, B., Martin, P., McDaniel, T. & C. Marvin (2008): Occurrence of Glyphosate in Surface Waters of Southern Ontario. – Bulletin of Environmental Contamination and Toxicology 80, 378–384.

Suchail, S., Guez, D. & L. P. Belzunces (2001): Discrepancy between acute and chronic toxicity induced by imidacloprid and its metabolites in *Apis mellifera*. – Environmental Toxicology and Chemistry 20, 2482–2486.

TANNER, G. (2010): Development of a method for the analysis of neonicotinoid insecticide residues in honey using LC-MS/MS and investigations of neonicotinoid insecticides in matrices of importance in apiculture. – Diplomarbeit, Univ. Wien.

TAPPARO, A., GIORIO, C., MARZARO, M., MARTON, D., SOLDA, L. & V. GIROLAMI (2011): Rapid analysis of neonicotinoid insecticides in guttation drops of corn seedling obtained from coated seeds. – Journal of Environmental Monitoring 13 (6), 1564–1568.

TAPPARO, A., MARTON, D., GIORIO, C., ZANELLA, C., SOLDÀ, L., MARZARO, M., VIVAN, L. & V. GIROLAMI (2012): Assessment of the environmental exposure of honeybees to particulate matter containing neonicotinoid insecticides coming from corn coated seeds. – Environmental Science and Technology 46 (5), 2592–2599.

TAUTZ, J. (2007): Phänomen Honigbiene. – 1. Aufl., Spektrum, Heidelberg.

TEETERS, B. S., JOHNSON, R. M., ELLIS, M. D. & B. D. SIEGFRIED (2012): Using video-tracking to assess sublethal effects of pesticides on honey bees (*Apis mellifera* L.). – Environmental Toxicology and Chemistry 31 (6), 1349–1354.

TENNEKES, H. A. (2010): The significance of the Druckrey-Küpfmüller equation for risk assessment. The toxicity of neonicotinoid insecticides to arthropods is reinforced by exposure time. – Toxicology 276, 1–4.

TENNEKES, H. A. & F. SÁNCHEZ-BAJO (2011): Time-dependent toxicity of neonicotinoids and other toxicants: Implications for a new approach to risk assessment. – Journal of Environmental and Analytic Toxicology S4:001. DOI:10.4172/2161-0525.S4-001.

TENNEKES, H. A., MASON, R., SANCHEZ-BAYO, F. & P. U. JEPSEN (2012): Immune suppression by neonicotinoid insecticides at the root of global wildlife declines. – Journal of Environmental Immunology and Toxicology 10 (10).

THEN, C. & A. BAUER-PANSKUS (2012): Schlecht beraten: Gentechnik-Lobbyisten dominieren Expertengremium. Schwere Interessenkonflikte beim Bundesinstitut für Risikobewertung (BfR). – Testbiotech-Report.

THEN, C. (2013): 30 years of genetically engineered plants – 20 years of commercial cultivation in the United States: a critical assessment. – Testbiotech-Report.

TONG, S. C., MORSE, R. A., BACHE, C. A. & D. J. LISK (1975): Elemental analysis of honey as an indicator of pollution. Forty-seven elements in honeys produced near highway, industrial, and mining areas. – Archives of Environmental Health 30 (7), 329–332.

TRENKLE, A. (2008): Chemische Untersuchungen auf bienentoxische Substanzen. – Baden-Württemberg – Ministerium für Ernährung und ländlichen Raum: Abschlussbericht Beizung und Bienenschäden, 2008, 22–30. – www.mlr.baden-wuerttemberg.de/mlr/allgemein/Abschlussbericht _Bienenschaeden.pdf.

UNEP Emerging Issues (2010): Global Honey Bee Colony Disorder and Other Threats to Insect Pollinators. – www.unep.org/dewa/Portals/67/pdf/Global_Bee_Colony_Disorder_and_Threats_insect_pollinators.pdf.

USDA – United States Department of Agriculture, Economic Research Service (2010): Colony Collapse Disorder. – Progress Report 1–43.

USEPA – United States Environmental Protection Agency, Office of Prevention, Pesticides and Toxic Substances (2003): Pesticide Fact Sheet »Clothianidin«.

ESKOV, E. K. & A. M. SAPOZHNIKOV (1976): Mechanisms of generation and perception of electric fields by honey bees. – Biophysik 21 (6), 1097–1102.

VANDENBERG, J. G. & H. SHIMANUKI (1986): Two commercial preparations of the beta exotoxin of Bacillus thuringiensis influence the mortality of caged adult honey bees. – Environmental Entomology 15, 166–169.

VENKAT, K. (2012): Comparison of twelve organic and conventional farming systems: A life cycle greenhouse gas emissions perspective. – Journal of Sustainable Agriculture 36 (6), 620–649.

VIDAU, C., DIOGON, M., AUFAUVRE, J., FONTBONNE, R., VIGUES, B., BRUNET, J.-L., TEXIER, C., BIRON, D. G., BLOT, N., EL ALAOUI, H., BELZUNCES, L. P. & F. DELBAC (2011): Exposure to sub-lethal doses of fipronil and thiacloprid highly increases mortality of honeybees previously infected by *Nosema ceranae*. – PLOS ONE 6 (6): e21550.

WARNKE, U. (1973): Physikalisch-physiologische Grundlagen zur luftelektrisch bedingten »Wetterfühligkeit« der Honigbiene *Apis mellifica*. – Dissertation, Univ. Saarbrücken.

WHITEHORN, P. R., O'CONNOR, S., GOULSON, D. & F. L. WACKERS (2012): Neonicotinoid Pesticide Reduces Bumble Bee Colony Growth and Queen Production. – Science 336 (6079), 351f.

WILLIAMS, G. M., KROES R. & I. C. MUNRO (2000): Safety Evaluation and Risk Assessment of the Herbicide Roundup and Its Active Ingredient, Glyphosate, for Humans. – Regulatory Toxicology and Pharmacology 31, 117–165.

WHO (2011): Pesticid residues in food – 2010. Joint FAO/WHO. Meeting on Pesticide Residues Evaluation 21.-30.9.2010 in Rom. Part II-Toxicological. – World Food and Agriculture Organization of the United Nations.

WU, J. Y., ANELLI, C. M. & W. S. SHEPPARD (2011): Sublethal effects of pesticide residues in brood comb on worker honey bee (*Apis mellifera*) development and longevit. – PLOS ONE 6 (2): e14720.

YA, T., XIE, J.-S. & C. KEMING (2003): Hand pollination of pears and its implications for biodiversity conservation and environmental protection. A case study from Hanyuan County, Sichuan Province, China. – College of the Environment, Sichuan University Moziqiao, Chengdu 610065, Sichuan, China.

YANG, E. C., CHUANG, Y. C., CHEN, Y. L. & L. H. CHANG (2008): Abnormal foraging behavior induced by sublethal dosage of imidacloprid in the honey bee. – Journal of Economic Entomology 101 (6), 1743–1748.

8 Register

Tabelle: *Übersicht der im Text behandelten Pestizide und Wirkstoffe.*
GefStoffV = Gefahrstoffverordnung, GHS = Global harmonisiertes System zur Einstufung und Kennzeichnung von Chemikalien (engl. Globally Harmonized System of Classification, Labelling and Packaging of Chemicals) der Vereinten Nationen.

Wirkstoff	Wirkstoffklasse	Produkte, die den Wirkstoff enthalten (Auswahl)	Zulassungsinhaber der Produkte	Einsatzbereiche, Schadorganismen	Gefahrstoffkennzeichnung nach GefStoffV und GHS	Studien zur Bienengefährdung
Insektizide und Akarizide (teilweise gegen Varroamilben eingesetzt)						
Amitraz	Amidin Amidin in Kombination mit Metaflumizon	Ectodex ProMeris Duo	Intervet Deutschland Pfizer, UK	Spinnmilben, Zecken, Tierläuse, bedingt bei Flöhen	GefStoffV: gesundheitsschädlich, umweltgefährlich; GHS: Achtung	Bernal et al. 2010, Chauzat et al. 2010, Dahlgren et al. 2012, Johnson et al. 2010, 2013, Krieger 2001, Wu et al. 2011
Endosulfan	**Cyclodien**	**Benzoepin, Phaser, Thiodan, Thionex 35**	**bis 2007 Bayer CropScience, zurzeit Makhteshim Agan (Israel) und Hindustan Insecticides Ltd.**	**weltweit: Schadinsekten wie Mottenschildlaus, Blattläuse, Kartoffelkäfer**	**GefStoffV: sehr giftig, umweltgefährlich; GHS: Gefahr**	**Carrasco-Letelier et al. (2012)**
Lindan	Halogenkohlenwasserstoff	Insektizide verboten (Holzschutzmittel: Xylamon, Xyladecor)	(Holzschutzmittel: AkzoNobel, früher: DESOWAG)	Seit 2007 EU-weit verboten. Früher eingesetzt zur Bekämpfung von Engerlingen und gegen Schädlinge an Raps und Kohl; außerdem in Holzschutzmitteln.	GefStoffV: giftig, umweltgefährlich; GHS: Gefahr	Aussagekräftige Studien zur Bienengefährlickeit fehlen bislang.

Acetamiprid	Neonicotinoid	CEL 265 43 AE, Mospilan Schädlings-Frei Granulat, Schädlingsfrei Careo	Scotts Celaflor	Gurke, Tomate, Salate, Kernobst: Blattläuse, Schildläuse, Mottenschildläuse, Weiße Fliege, Trauermücke, Schmierläuse, Kirschfruchtfliege, Rapsglanzkäfer, Kartoffelkäfer	GefStoffV: gesundheitsschädlich; GHS: Achtung	Bernal et al. 2010, Chauzat et al. 2010, Dahlgren et al. 2012, Johnson et al. 2010, 2013, Krieger 2001, Wu et al. 2011
Clothianidin (s. Anm. 1)	Neonicotinoid	Elado, Janus, Poncho Beta Cruiser	Bayer CropScience Syngenta	Pillierung von Rübensaat: Blattläuse, Rübenfliege, Weiße Fliege, Moosknopfkäfer, Schnellkäfer (Drahtwurm), Tausendfüßer	GefStoffV: gesundheitsschädlich, umweltgefährlich; GHS: Achtung, umweltgefährlich	Girolami et al. 2009, Palmer et al. 2013, Sluijs et al. 2013, Tapparo et al. 2012
Imidacloprid (s. Anm. 2)	Neonicotinoid	Chinook, Confidor WG 70, Connect, Evidence, Gaucho 70 WS, Leverage, Lizetan, Monceren, Muralla, Provado, Trimax	Bayer CropScience	Pillierung von Rüben- und Gemüsesaatgut, Speisezwiebel, Porree: Blattläuse, Moosknopfkäfer, Rübenfliege, Tripse, Zwiebelfliege	GefStoffV: gesundheitsschädlich, umweltgefährlich; GHS: Achtung	Bacandritsos et al. 2010, Belien et al. 2009, Blacquière et al. 2012, Bonmartin et al. 2005, Byrne et al. 2013, Cresswell 2011, Cresswell et al. 2012, 2013, Eiri & Nieh 2012, Rossi et al. 2013, Sluijs & Tennekes 2009, USEPA 2003, Whitehorn et al. 2012, Yang et al. 2008

Wirkstoff	Wirkstoffklasse	Produkte, die den Wirkstoff enthalten (Auswahl)	Zulassungsinhaber der Produkte	Einsatzbereiche, Schadorganismen	Gefahrstoffkennzeichnung nach GefStoffV und GHS	Studien zur Bienengefährdung
Insektizide und Akarizide (teilweise gegen Varroamilben eingesetzt)						
Thiacloprid	Neonicotinoid	Biscaya, Calypso, Calypso Perfect AF, ECON Tiacloprid 480 SC, Lizetan AF Celaflor	Bayer CropScience Scotts Celaflor	Kartoffeln, Raps, Getreide, Senf: beißende Insekten wie Kartoffelkäfer, Getreidehähnchen, außerdem Blattläuse	GefStoffV: gesundheitsschädlich; GHS: Achtung	Hawthorne & Dively 2011, Iwasa et al. 2004, Schuld & Schmuck 2000, Tennekes 2010
Thiamethoxam	**Neonicotinoid**	**Cruiser**	**Syngenta**	**Termiten, Hausbock**	**GefStoffV: gesundheitsschädlich, umweltgefährlich; GHS: Achtung**	**Badiou-Bénéteau et al. 2012, Girolami et al. 2009, Henry et al. 2012, Krupke et al. 2012, Pilling et al. 2013, Tapparo et al. 2011**
Fipronil (s. Anm. 3)	Phenylpyrazol	Goliath, Regent 200SC Chipco Choice, Maxforce Effipro Eliminall	BASF Bayer CropScience Virbac Schweiz Pfizer, UK	Kartoffeln, Getreide: Kontaktgift gegen Flöhe, Haarlinge, Läuse, Zecken, Raubmilben, Herbstgrasmilben, Räudenmilben; in hohen Dosen tödlich bei Säugetieren, Vögeln, Reptilien	GefStoffV: giftig, umweltgefährlich; GHS: Gefahr	Henry et al. 2012 (S. 336), NCAP (Hrsg.) 2005, Roat et al. 2013, Vidau et al. 2011

Cypermethrin	Pyrethroid	Cipermetrina 25	Rothamsted Research, UK	EU: zugelassen: stechende und beißende Insekten, außerdem Zecken	GefStoffV: giftig, umweltgefährlich; GHS: Achtung	Carrasco-Letelier et al. (2012)
Flumethrin	Pyrethroid	Bayticol, Bayvarol, Kiltix, Seresto	Bayer CropScience	Antiparasitikum gegen Zecken, Varroamilben, Insekten	GefStoffV: gesundheitsschädlich, umweltgefährlich; GHS: Achtung	Bernal et al. 2010, Chauzat et al. 2010, Dahlgren et al. 2012, Johnson et al. 2010, 2013, Krieger 2001, Wu et al. 2011
Fluvalinat (Alternativname Klartan)	Pyrethroid	Apistan	Vita (Europe), UK	EU: zugelassen (A und CH: kein Mittel mit diesem Wirkstoff auf dem Markt): Getreideblattläuse, Rapsglanzkäfer; USA: Varroamilbe	GefStoffV: gesundheitsschädlich, umweltgefährlich; GHS: Achtung	Bernal et al. 2010, Chauzat et al. 2010, Dahlgren et al. 2012, Johnson et al. 2010, 2013, Krieger 2001, Wu et al. 2011
Chlorpyrifos	Thiophosphorsäureester	Lorsban 48 E	Dow Chemical Company	EU: zugelassen seit 2005 (endet am 31.01.2018): saugende und beißende Insekten, Bodenorganismen	GefStoffV: giftig, umweltgefährlich; GHS: Gefahr	Carrasco-Letelier et al. (2012)
Coumaphos	Thiophosphorsäureester	Agridip, Asuntol, Bay, Baymix, Co-Ral, Dilice, Meldane, Muscatox, Negashunt, Perizin, Resistox, Suntol	Bayer CropScience	EU: zugelassen: Maden, Fliegen, Schneckenwürmer, Läuse, Krätzemilben, Varroamilbe, Zecken; D und CH: nicht zugelassen	GefStoffV: gesundheitsschädlich, umweltgefährlich; GHS: Achtung	Bernal et al. 2010, Chauzat et al. 2010, Dahlgren et al. 2012, Johnson et al. 2010, 2013, Krieger 2001, Wu et al. 2011

Wirkstoff	Wirkstoffklasse	Produkte, die den Wirkstoff enthalten (Auswahl)	Zulassungsinhaber der Produkte	Einsatzbereiche, Schadorganismen	Gefahrstoffkennzeichnung nach GefStoffV und GHS	Studien zur Bienengefährdung
Herbizide						
Atrazin	Chlortriazin	Aatrex, Aktikon, Alazine, Atred, Atranex, Atrataf, Atratol, Azinotox, Crisazina, Farmco Atrazine, G-30027, Gesaprim, Giffex 4 L, Malermais, Primatol, Simazat, Weedex, Zeapos, Zeazin	Atrazinhersteller befinden sich in China	EU: verboten, USA: noch zugelassen zur Unkrautvernichtung im Mais-, Spargel-, Kartoffel- und Tomatenanbau	GefStoffV: gesundheitsschädlich, umweltgefährlich; GHS: Achtung	Aussagekräftige Studien zur Bienengefährlickeit fehlen bislang.
Glufosinat (-ammonium) (s. Anm. 4)	Phosphonat	Basta, Liberty	Bayer CropScience	Unkrautbekämpfung: Mais, Zuckerrübe, Kartoffeln, Kern- und Steinobst (außer Pfirsich), Erd-, Him-, Stachelbeere, Stangen- und Buschbohne, Speisezwiebel, Möhre, Porree, Feldsalat, Spargel, Weinrebe, Ziergehölze, Winterraps, Sonnenblume, Zucchini, Melone, Gurke, Kürbis, Artischocke, Thymian, Majoran, alle Johannisbeeren, wolliger Fingerhut	GefStoffV: giftig als Ammoniumsalz; GHS: Gefahr	Aussagekräftige Studien zur Bienengefährlickeit fehlen bislang.

Glyphosat (s. Anm. 5)	Phosphonat	Durano, Profi Glyphosat, Roundup Ready, Raiffeisen Gartenkraft Total Unkrautfrei Compo Filatex Unkrautfrei, Glyfos, Keeper Unkrautfrei, Vorox Unkrautfrei Herburan GL	Monsanto Cheminova A/S Syngenta	Unkrautbekämpfung	GefStoffV: reizend, umweltgefährlich; GHS: ätzend	Boily et al. 2013, Duke & Powles 2008, George et al. 2010, Giesy et al. 2000, Hagler et al. 2011, Marc et al. 2004, Mertens 2010, 2011, Paganelli et al. 2010, Richard et al. 2005, Samsel & Seneff 2013, Struger et al. 2008, Thongprakaisanga et al. 2013, Williams et al. 2000, www.Lichter-Lsb.de
Hexazinon	**Triazine und Diketone**	**Velpar**	**DuPont**	**Seit 2007 EU-weit verboten. Außerhalb der EU hauptsächlich bei Luzerne, Zuckerrohr und Ananas eingesetzt.**	**GefStoffV: umweltgefährlich; GHS: Achtung**	**Aussagekräftige Studien zur Bienengefährlickeit fehlen bislang.**

Anmerkungen zur Tabelle

[1] Clothianidin

Girolami et al. (2009) haben damals schon darauf hingewiesen, dass bei Bienen, die mit Clothianidin angereicherte Guttationstropfen aufnehmen, nach wenigen Minuten eine Krümmung des Unterleibs, Erbrechen, Koordinationsverlust, Flügellähmung und Tod eintreten.

[2] Imidacloprid

Bonmartin et al. (2005) – die übrigens seit 1988 in Orléans ohne Industrieförderung forschen – hatten zwei Jahre lang im Auftrag des französischen Landwirtschaftsministeriums alle Studien neu ausgewertet, die es zum Gaucho-Wirkstoff Imidacloprid gibt: 483 Analysen, Veröffentlichungen und Dokumente. Sven Preger berichtete in der Süddeutschen Zeitung am 26.11.2005: »‚Fast alle [Studien] haben wir aber als nicht relevant eingestuft', sagt Jean-Marc Bonmatin vom Nationalen Zentrum für wissenschaftliche Forschung (CNRS) in Paris. ‚Viele Studien sind vom Gaucho-Hersteller Bayer durchgeführt oder in Auftrag gegeben worden und deshalb nicht objektiv.'«

Übrigens gibt Bayer für Imidacloprid eine mittlere Halbwertszeit im Boden von 120 Tagen an, nach Angaben der United States Environmental Protection Agency (EPA) liegt diese aber bei 148 bis 1 155 Tagen (vgl. United States Environmental Protection Agency, Office of Prevention, Pesticides and Toxic Substances: Pesticide fact sheet „Clothianidin, Conditional Registration" vom 30.05.2003, S. 15).

Die Gefährlichkeit von Imidacloprid haben Eiri & Nieh (2012) erdrückend nachgewiesen: Es beeinträchtigt die Lern- und Gedächtnisleistung der Bienen derart, dass sie nur noch Nektar mit hohem Zuckergehalt sammeln. Außerdem informierten die geschädigten Bienen per Schwänzeltanz deutlich weniger Mitbewohner des Stockes über die Lage einer Nahrungsquelle. Beide Verhaltensänderungen verschlechtern die Versorgung eines Bienenvolks mit Nektar und könnten die Anfälligkeit für Krankheiten erhöhen. Whitehorn et al. (2012) wiesen – allerdings bei Hummeln – nach, dass die Staatenbildung durch mangelnde Königinnennachzucht stark zurückging.

Sluijs & Tennekes (2009) wiesen in ihrer Arbeit darauf hin, dass die Bienen durch Imidacloprid ihre Orientierung verlieren und immer schwieriger den Weg zurück in den Bienenstock finden, wodurch es zur Mangelversorgung des Volkes kommt, welches dadurch anfälliger für Krankheiten wird. Derartige chronische und kumulative Wirkungen würden von den Zulassungstests nicht erfasst, eine Tatsache, die dann zu gegensätzlichen Beurteilungen von Zulassungsbehörden und Forschungseinrichtungen führe, so die Forscher.

[3] Fipronil

Am 05.11.2013 berichtete SPIEGEL ONLINE, BASF habe gegen das EU-weite Fipronil-Verbot Klage erhoben, weil die EU-Kommission eine „unangemessene Anwendung des Vorsorgeprinzips betreibe, die nicht alle verfügbaren wissenschaftlichen Erkenntnisse in ihre Entscheidung einbezogen und zudem gegen das europäische Pflanzenschutzrecht verstoßen hätten".

[4] Glufosinat(-ammonium)

Glufosinat gehört zu einer Gruppe von 22 Pestiziden, die von der EU als besonders gefährlich eingestuft werden und laut EU-Gesetzgebung vom europäischen Markt verschwinden sollen (vgl. EU-Umweltnews vom 23.05.2013). Trotz dieser wissenschaftlichen Erkenntnisse hält Bayer an seinem Plan zur Vermarktung fest (vgl. Produktliste 2013, Bayer-Pflanzenschutzmittel).

[5] Glyphosat

In der Dokumentation des ZDF „Das tägliche Gift" (gesendet am 13.11.2013 um 22:45 Uhr) wurde das Pestizid Glyphosat kritisch unter die Lupe genommen. Das Umweltinstitut München hat an der Erstellung des Beitrages mitgewirkt. Die spannende Reportage können Sie in der ZDF-Mediathek online ansehen.